Pythonによる

実務で役立つ

最適化問題

100+

グラフ理論と
組合せ最適化への招待

1

久保幹雄 [著]

朝倉書店

序

実務で役に立つ 100+の最適化問題に対する定式化と Python 言語を用いた解決法を紹介する.

はじめに

本書は，筆者が長年書き溜めた様々な実務的な最適化問題についてまとめたものである．本書は，JupyterLab で記述されたものを自動的に変換したものであり，以下のサポートページで公開している．コードも一部公開しているが，ソースコードを保管した GitHub 自体はプライベートである．本を購入した人は，サポートページで公開していないプログラムを

```
https://www.logopt.com/kubomikio/opt100.zip
```

でダウンロードすることができる．ダウンロードしたファイルの解凍パスワードは LG_%22_ptK+である.

作者のページ

```
https://www.logopt.com/kubomikio/
```

本書のサポートページ

```
https://scmopt.github.io/opt100/
```

出版社のページ

```
https://www.asakura.co.jp/detail.php?book_code=12273
https://www.asakura.co.jp/detail.php?book_code=12274
https://www.asakura.co.jp/detail.php?book_code=12275
```

指針

- 厳密解法に対しては，解ける問題例の規模の指針を与える．数理最適化ソルバーを使う場合には，Gurobi か（それと互換性をもつオープンソースパッケージの）mypulp を用い，それぞれの限界を調べる．動的最適化の場合には，メモリの限界について調べる．
- 近似解法に対しては（実験的解析に基づいた）近似誤差の指針を与え，理論的な保証よりも，実務での性能を重視して紹介する．
- 複数の定式化を示し，どの定式化が実務的に良いかの指針を示す．
- できるだけベンチマーク問題例（インスタンス）を用いる．
- 解説ビデオも YouTube で公開する．
- 主要な問題に対してはアプリを作ってデモをしたビデオを公開する．

格言

　本書は，以下の格言に基づいて書かれている．
- 多項式時間の厳密解法にこだわるなかれ．言い換えれば well-solved special case は，ほとんど役に立たない．
- 最悪値解析にこだわるなかれ．最悪の場合の問題例（インスタンス; instance）というのは滅多に実務には現れない．そのような問題例に対して，最適値の数倍という保証をもつ近似解法というのは，通常の問題例に対して良い解を算出するという訳ではない．我々の経験では，ほとんどの場合に役に立たない．
- 確率的解析にこだわるなかれ．上と同様の理由による．実際問題はランダムに生成されたものではないのだ．
- ベンチマーク問題に対する結果だけを信じるなかれ．特定のベンチマーク問題例に特化した解法というのは，往々にして実際問題では役に立たない．
- 精度にこだわるなかれ．計算機内では，通常は，数値演算は有限の桁で行われていることを忘れてはいけない．
- 手持ちの解法にこだわるのではなく，問題にあった解法を探せ．世の中に万能薬はないし，特定の計算機環境でないと動かない手法は往々にして役に立たない．

動作環境

Poetry もしくは pip で以下のパッケージを入れる．他にも商用ソルバー Gurobi, Opt-Seq, SCOP などを利用している．これらについては，付録 1 で解説する．

```
python = ">=3.8,<3.10"
mypulp = "^0.0.11"
networkx = "^2.5"
matplotlib = "^3.3.3"
plotly = "^4.13.0"
numpy = "^1.19.4"
pandas = "^1.1.4"
requests = "^2.25.0"
seaborn = "^0.11.0"
streamlit = "^0.71.0"
scikit-learn = "^0.23.2"
statsmodels = "^0.12.1"
pydot = "^1.4.2"
Graphillion = "^1.4"
cspy = "^0.1.2"
ortools = "^8.2.8710"
cvxpy = "^1.1.12"
Riskfolio-Lib = "^3.3"
yfinance = "^0.1.59"
gurobipy = "^9.1.1"
numba = "^0.53.1"
grblogtools = "^0.3.1"
PySCIPOpt = "^3.3.0"
HeapDict = "^1.0.1"
scipy = "1.7.0"
intvalpy = "^1.5.8"
lkh = "^1.1.0"
```

100+の最適化問題

本書では次のような話題を取り上げている．

（1 巻）

- 線形最適化
- （2 次）錐最適化
- 整数最適化
- 混合問題（ロバスト最適化）

- 栄養問題
- 最短路問題
- 負の費用をもつ最短路問題
- 時刻依存最短路問題

- 資源制約付き最短路問題
- 第 k 最短路問題
- パスの列挙問題
- 最長路問題
- Hamilton 閉路問題
- 多目的最短路問題
- 最小木問題
- 有向最小木問題
- 容量制約付き有向最小木問題
- Steiner 木問題
- 賞金収集 Steiner 木問題
- 最小費用流問題
- 最小費用最大流問題
- 輸送問題
- 下限付き最小費用流問題
- フロー分解問題

- 最大流問題
- 最小カット問題
- 多端末最大流問題
- 多品種流問題
- 多品種輸送問題
- 多品種ネットワーク設計問題
- サービスネットワーク設計問題（SENDO）
- グラフ分割問題
- グラフ多分割問題
- 最大カット問題
- 最大クリーク問題
- 最大安定集合問題
- 極大クリーク列挙問題
- クリーク被覆問題
- グラフ彩色問題
- 枝彩色問題

（第 2 巻）

- 極大マッチング問題
- 最大マッチング問題
- 安定マッチング問題
- 安定ルームメイト問題
- 割当問題
- ボトルネック割当問題
- 一般化割当問題
- 2 次割当問題
- 線形順序付け問題
- Weber 問題
- 複数施設 Weber 問題 (MELOS-GF)
- k-メディアン問題
- 容量制約付き施設配置問題
- 非線形施設配置問題
- p-ハブ・メディアン問題
- r-割当 p-ハブ・メディアン問題
- ロジスティックス・ネットワーク設計問題（MELOS）

- k-センター問題
- 被覆立地問題
- 新聞売り子問題
- 経済発注量問題
- 複数品目経済発注量問題
- 途絶を考慮した新聞売り子問題
- 安全在庫配置問題（MESSA）
- 適応型在庫最適化問題
- 複数エシェロン在庫最適化問題（MESSA）
- 動的ロットサイズ決定問題
- 単段階多品目動的ロットサイズ決定問題
- 多段階多品目動的ロットサイズ決定問題（OptLot）
- 巡回セールスマン問題
- 賞金収集巡回セールスマン問題
- オリエンテーリング問題
- 階層的巡回セールスマン問題
- 時間枠付き巡回セールスマン問題

（第 3 巻）

- 容量制約付き配送計画問題
- 時間枠付き配送計画問題
- トレーラー型配送計画問題（集合分割アプローチ）
- 分割配送計画問題
- 巡回セールスマン型配送計画問題（ルート先・クラスター後法）
- 運搬スケジューリング問題
- 積み込み積み降ろし型配送計画問題
- 複数デポ配送計画問題（METRO）
- Euler 閉路問題
- 中国郵便配達人問題
- 田舎の郵便配達人問題
- 容量制約付き枝巡回問題
- 空輸送最小化問題
- ビンパッキング問題
- カッティングストック問題
- d 次元ベクトルビンパッキング問題
- 変動サイズベクトルパッキング問題
- 2 次元（長方形; 矩形）パッキング問題
- 確率的ビンパッキング問題
- オンラインビンパッキング問題
- 集合被覆問題
- 集合分割問題
- 集合パッキング問題
- 数分割問題
- 複数装置スケジューリング問題
- 整数ナップサック問題
- 0-1 ナップサック問題
- 多制約ナップサック問題
- 1 機械リリース時刻付き重み付き完了時刻和最小化問題
- 1 機械総納期遅れ最小化問題
- 順列フローショップ問題
- ジョブショップスケジューリング問題
- 資源制約付きスケジューリング問題（OptSeq）
- 乗務員スケジューリング問題
- シフト最適化問題
- ナーススケジューリング問題
- 業務割当を考慮したシフトスケジューリング問題（OptShift）
- 起動停止問題
- ポートフォリオ最適化問題
- 重み付き制約充足問題（SCOP）
- 時間割作成問題
- n クイーン問題

目　　次

1. 最適化問題 ··· 1

  1.1　準備 ··· 1

  1.2　最適化問題とは ··· 1

  1.3　最適化問題の分類 ··· 2

    1.3.1　連続か離散か ·· 3

    1.3.2　線形か非線形か ·· 3

    1.3.3　凸か非凸か ·· 4

    1.3.4　大域的最適解か局所的最適解か ·· 4

    1.3.5　不確実性の有無 ·· 5

    1.3.6　ネットワーク構造をもつか否か ·· 5

  1.4　線形最適化問題 ··· 5

  1.5　錐最適化問題 ··· 7

  1.6　整数最適化問題 ··· 9

  1.7　ロバスト最適化 ·· 11

  1.8　栄養問題 ··· 13

    1.8.1　実行不可能性の対処法（制約の逸脱を許すモデル化） ·············· 16

    1.8.2　逸脱最小化 ·· 20

    1.8.3　既約不整合部分系 ·· 21

  1.9　混合問題 ··· 22

2. 最短路問題 ··· 27

  2.1　準備 ··· 27

  2.2　最短路問題 ··· 27

    2.2.1　（1 対 1 の）最短路問題 ·· 27

    2.2.2　1 対全の最短路問題 ·· 30

    2.2.3　枝の費用が負のものがある場合 ·· 31

    2.2.4　全対全の最短路 ·· 32

2.3　道路ネットワークの最短路と前処理による高速化 ‥‥‥‥‥‥‥‥‥‥ 33

2.4　ベンチマーク問題例の読み込みと Dial 法 ‥‥‥‥‥‥‥‥‥‥‥‥ 36

　2.4.1　最短路ヒープの比較 ‥‥‥‥‥‥‥‥‥‥‥‥‥‥‥‥‥‥‥‥‥ 41

2.5　時刻依存の移動時間をもつ最短路問題 ‥‥‥‥‥‥‥‥‥‥‥‥‥‥ 43

　2.5.1　区間，速度，距離から到着時刻関数を生成する関数 arrival_func ‥‥ 44

　2.5.2　到着時刻関数 arrival ‥‥‥‥‥‥‥‥‥‥‥‥‥‥‥‥‥‥‥‥ 45

　2.5.3　区分的線形な到着時刻関数をプロットする関数 plot_arrival ‥‥‥‥ 46

2.6　資源制約付き最短路問題 ‥‥‥‥‥‥‥‥‥‥‥‥‥‥‥‥‥‥‥‥ 49

3. 最短路の列挙 ‥‥‥‥‥‥‥‥‥‥‥‥‥‥‥‥‥‥‥‥‥‥‥‥‥‥‥ 53

3.1　準備 ‥‥‥‥‥‥‥‥‥‥‥‥‥‥‥‥‥‥‥‥‥‥‥‥‥‥‥‥‥ 53

3.2　第 k 最短路 ‥‥‥‥‥‥‥‥‥‥‥‥‥‥‥‥‥‥‥‥‥‥‥‥‥‥ 53

3.3　無向パス（閉路，森など）の列挙 ‥‥‥‥‥‥‥‥‥‥‥‥‥‥‥‥ 55

　3.3.1　（最短）パスの列挙 ‥‥‥‥‥‥‥‥‥‥‥‥‥‥‥‥‥‥‥‥‥ 55

　3.3.2　最長パスの列挙（最長路問題） ‥‥‥‥‥‥‥‥‥‥‥‥‥‥‥‥ 57

　3.3.3　閉路の列挙 ‥‥‥‥‥‥‥‥‥‥‥‥‥‥‥‥‥‥‥‥‥‥‥‥‥ 58

　3.3.4　Hamilton 閉路の列挙 ‥‥‥‥‥‥‥‥‥‥‥‥‥‥‥‥‥‥‥‥ 59

3.4　多目的最短路問題 ‥‥‥‥‥‥‥‥‥‥‥‥‥‥‥‥‥‥‥‥‥‥‥‥ 60

4. 最小木問題 ‥‥‥‥‥‥‥‥‥‥‥‥‥‥‥‥‥‥‥‥‥‥‥‥‥‥‥‥ 63

4.1　準備 ‥‥‥‥‥‥‥‥‥‥‥‥‥‥‥‥‥‥‥‥‥‥‥‥‥‥‥‥‥ 63

4.2　最小木問題 ‥‥‥‥‥‥‥‥‥‥‥‥‥‥‥‥‥‥‥‥‥‥‥‥‥‥ 63

　4.2.1　最小木問題 ‥‥‥‥‥‥‥‥‥‥‥‥‥‥‥‥‥‥‥‥‥‥‥‥‥ 63

4.3　最小木問題の定式化 ‥‥‥‥‥‥‥‥‥‥‥‥‥‥‥‥‥‥‥‥‥‥ 64

　4.3.1　閉路除去定式化 ‥‥‥‥‥‥‥‥‥‥‥‥‥‥‥‥‥‥‥‥‥‥‥ 64

　4.3.2　カットセット定式化 ‥‥‥‥‥‥‥‥‥‥‥‥‥‥‥‥‥‥‥‥‥ 65

　4.3.3　単品種流定式化 ‥‥‥‥‥‥‥‥‥‥‥‥‥‥‥‥‥‥‥‥‥‥‥ 65

　4.3.4　多品種流定式化 ‥‥‥‥‥‥‥‥‥‥‥‥‥‥‥‥‥‥‥‥‥‥‥ 66

4.4　networkX の利用 ‥‥‥‥‥‥‥‥‥‥‥‥‥‥‥‥‥‥‥‥‥‥‥‥ 67

　4.4.1　ランダムに枝長を設定した格子グラフ ‥‥‥‥‥‥‥‥‥‥‥‥‥ 67

4.5　クラスター間の最短距離を最大にする k 分割問題 ‥‥‥‥‥‥‥‥‥ 68

4.6　有向最小木 ‥‥‥‥‥‥‥‥‥‥‥‥‥‥‥‥‥‥‥‥‥‥‥‥‥‥ 69

　4.6.1　最小有向木問題 ‥‥‥‥‥‥‥‥‥‥‥‥‥‥‥‥‥‥‥‥‥‥‥ 69

5. 容量制約付き有向最小木問題 ··· 72

　5.1 準備 ··· 72

　5.2 容量制約付き有向最小木問題 ··· 72

　　5.2.1 定式化 ·· 72

　　5.2.2 データの読み込み ·· 73

6. Steiner 木問題 ··· 76

　6.1 準備 ··· 76

　6.2 Steiner 木問題に対する定式化 ··· 76

　6.3 Steiner 木問題に対する近似解法 ·· 79

　6.4 賞金収集有向 Steiner 木問題 ·· 80

7. 最小費用流問題 ··· 83

　7.1 準備 ··· 83

　7.2 最小費用流問題 ·· 83

　　7.2.1 最小費用流問題 ··· 84

　7.3 最小費用最大流問題 ··· 85

　7.4 輸送問題 ··· 86

　7.5 下限制約付き最小費用流問題 ·· 89

　7.6 フロー分解問題 ·· 90

8. 最大流問題 ··· 94

　8.1 準備 ··· 94

　8.2 最大流問題 ·· 94

　　8.2.1 最大流問題 ·· 95

　8.3 最小カット問題 ·· 96

　8.4 多端末最大流問題 ·· 97

9. 多品種流問題 ··· 100

　9.1 準備 ·· 100

　9.2 多品種流問題 ·· 100

　　9.2.1 多品種流問題 ··· 101

　9.3 多品種輸送問題 ·· 103

　9.4 多品種ネットワーク設計問題 ·· 107

9.5　サービス・ネットワーク設計問題 ・・・・・・・・・・・・・・・・・・・・・・・・・・・・・・・・・・・・110

10.　グラフ分割問題 ・・113

10.1　準備 ・・・113

10.2　グラフ2分割問題 ・・113

　10.2.1　タブーサーチ ・・116

　10.2.2　アニーリング法 ・・・・・・・・・・・・・・・・・・・・・・・・・・・・・・・・・・・・・・・121

　10.2.3　集中化と多様化を入れたタブーサーチ ・・・・・・・・・・・・・・・・・126

10.3　グラフ多分割問題 ・・129

10.4　最大カット問題 ・・129

　10.4.1　線形定式化 ・・・129

　10.4.2　2次錐最適化による定式化 ・・・・・・・・・・・・・・・・・・・・・・・・・・130

　10.4.3　制約最適化ソルバー SCOP による求解 ・・・・・・・・・・・・・・・・133

11.　最大クリーク問題 ・・136

11.1　準備 ・・・136

11.2　最大クリーク問題と最大安定集合問題 ・・・・・・・・・・・・・・・・・・・・136

　11.2.1　極大クリークの列挙 ・・・・・・・・・・・・・・・・・・・・・・・・・・・・・・・・・137

　11.2.2　近似解法 ・・138

　11.2.3　タブーサーチ ・・・・・・・・・・・・・・・・・・・・・・・・・・・・・・・・・・・・・・・139

　11.2.4　集中化・多様化を入れたタブーサーチ ・・・・・・・・・・・・・・・143

　11.2.5　平坦探索法 ・・・146

11.3　クリーク被覆問題 ・・154

12.　グラフ彩色問題 ・・157

12.1　準備 ・・・157

12.2　定式化 ・・157

　12.2.1　標準定式化 ・・・158

　12.2.2　彩色数固定定式化 ・・・・・・・・・・・・・・・・・・・・・・・・・・・・・・・・・160

　12.2.3　半順序定式化 ・・・・・・・・・・・・・・・・・・・・・・・・・・・・・・・・・・・・・・・163

　12.2.4　代表点定式化 ・・・・・・・・・・・・・・・・・・・・・・・・・・・・・・・・・・・・・・・165

　12.2.5　制約最適化ソルバーによる求解 ・・・・・・・・・・・・・・・・・・・・・167

12.3　構築法 ・・169

12.4　メタヒューリスティクス ・・・・・・・・・・・・・・・・・・・・・・・・・・・・・・・・・・・・174

12.4.1　タブーサーチ ･････････････････････････････････････ 174

12.4.2　遺伝的アルゴリズムとタブーサーチの融合法 ･･････････ 179

12.5　枝彩色問題 ･･ 185

A.　付録1: 商用ソルバー ･･･････････････････････････････････････ 1

A.1　商用ソルバー ･･ 1

A.2　Gurobi ･･ 1

A.3　SCOP ･･･ 2

A.3.1　SCOP モジュールの基本クラス ･･･････････････････････ 2

A.4　OptSeq ･･ 3

A.4.1　OptSeq モジュールの基本クラス ･･････････････････････ 3

A.5　METRO ･･･ 4

A.6　MELOS ･･･ 4

A.7　MESSA ･･･ 5

A.8　OptLot ･･ 5

A.9　OptShift ･･ 5

A.10　OptCover ･･ 5

A.11　OptGAP ･･･ 5

A.12　OptPack ･･･ 6

A.13　CONCORDE ･･･ 6

A.14　LKH ･･ 6

B.　付録2: グラフに対する基本操作 ･･････････････････････････････ 7

B.1　本章で使用するパッケージ ････････････････････････････････ 7

B.2　グラフの基礎 ･･ 7

B.3　ランダムグラフの生成 ････････････････････････････････････ 8

B.4　グラフを networkX に変換する関数 ････････････････････････ 9

B.5　networkX のグラフを Plotly の図に変換する関数 ･･･････････ 10

B.6　ユーティリティー関数群 ･････････････････････････････････ 12

索　　引 ･･ 17

第 2 巻・第 3 巻略目次

第 2 巻

13. マッチング問題

14. 割当問題

15. 2 次割当問題

16. 連続施設配置問題

17. k -メディアン問題

18. k -センター問題

19. 在庫最適化問題

20. 動的ロットサイズ決定問題

21. 巡回セールスマン問題

22. 時間枠付き巡回セールスマン問題

第 3 巻

23. 配送計画問題

24. Euler 閉路問題

25. パッキング問題

26. 集合被覆問題

27. 数分割問題

28. ナップサック問題

29. スケジューリング問題

30. 乗務員スケジューリング問題

31. シフトスケジューリング問題

32. 起動停止問題

33. ポートフォリオ最適化問題

34. 充足可能性問題と重み付き制約充足問題

35. n クイーン問題

1 最適化問題

- 最適化問題の分類と典型的な問題と例題

1.1 準備

以下では，基本的には数理最適化ソルバーとしては Gurobi（パッケージは gurobipy）を用いるが，これは商用パッケージ（アカデミック・非商用は無料）である．Gurobi を使用できない場合には，mypulp をかわりに読み込んで使う（以下では，コメントアウトしてある）．mypulp は PuLP（https://coin-or.github.io/pulp/index.html）のラッパーであり，Gurobi の基本的な API をサポートする．PuLP の標準ソルバーは CBC（https://github.com/coin-or/Cbc）であり，2 次（錐）最適化問題は解くことができない．

```
%matplotlib inline
import numpy as np
from gurobipy import Model, quicksum, GRB, multidict
# from mypulp import Model, quicksum, GRB, multidict
import intvalpy
```

1.2 最適化問題とは

集合 $\mathbf{F}$, $\mathbf{F}$ から実数への写像 $f : \mathbf{F} \to \mathbf{R}$ （$\mathbf{R}$ は実数全体の集合）が与えられたとき

$$minimize \quad f(x)$$
$$s.t. \qquad x \in \mathbf{F}$$

を与える $x \in \mathbf{F}$ を求める問題を**最適化問題**（optimization problem）とよぶ．ここで minimize と s.t.（subject to）は，それぞれ「最小化」と「制約条件」を表す記号である．

F が有限集合のときには, "minimize"は要素の中の最小値を表す min を意味し, 無限集合の場合には下界の最大値を表す inf を意味する. inf は min を一般化した関数である. たとえば inf{(0, 1]} は 0 である. また, inf{∅} は ∞ と定義する. **F** を実行可能解の集合, その要素 $x \in \mathbf{F}$ を**実行可能解**（feasible solution）または単に**解**（solution）とよぶ. 上式における関数 $f(x)$ を**目的関数**（objective function）とよぶ. 目的関数の最小値を**最適値**（optimal value）とよぶ. 最適値 z^* は以下のように定義される.

$$z^* = \inf\{f(x)|x \in \mathbf{F}\}$$

$z^* = \infty$ のとき, 問題は**実行不可能**（infeasible）もしくは実行不能とよばれ, $z = -\infty$ のとき**非有界**（unbounded）とよばれる.

最適値 z^* を与える解 $x \in \mathbf{F}$ を**大域的最適解**（globally optimal solution）とよび, その集合を $\mathbf{F}^*$ と記す. 大域的最適解の集合 $\mathbf{F}^*$ は以下のように定義される.

$$\mathbf{F}^* = \{x \in \mathbf{F}|f(x) = z^*\}$$

ある実行可能解 $x \in \mathbf{F}$ の「近所」にある解の集合を x の**近傍**（neighborhood）とよぶ. 近傍の定義は対象とする問題によって異なるが, 一般には, 実行可能解の集合 **F** を与えたとき, 近傍 N は以下の写像と定義される.

$$N : \mathbf{F} \to 2^{\mathbf{F}}$$

すなわち, 実行可能解の集合から, そのべき集合（部分集合の集合）への写像が近傍である.

実行可能解 $x \in \mathbf{F}$ で

$$f(x) = \inf\{f(y)|y \in N(x)\}$$

を満たすものを（近傍 N に対する）**局所的最適解**（locally optimal solution）とよぶ.

目的関数が実数値関数 $f : \mathbf{R}^n \to \mathbf{R}$ のときには, $\epsilon > 0$ に対する解 x の ϵ 近傍

$$N(x, \epsilon) = \{y \in \mathbf{R}^n |\|x - y\| \le \epsilon\}$$

を用いる. ここで $\|x - y\|$ は Euclid ノルム $\sqrt{\sum_{i=1}^n (x_i - y_i)^2}$ を表す.

問題によっては大域的最適解でなく, 局所的最適解を求めることを目的とすることもある.

▌1.3 最適化問題の分類

以下では, 最適化問題を幾つかの基準にしたがい分類する. 実際には, これらの分類基準は正確なものではなく, 解法を考えていくときに便利だからということに過ぎないことを付記しておく.

■ **1.3.1 連続か離散か**

問題に内在する変数が連続値をとるか，離散値をとるかによって最適化問題を分類する．連続値をとる最適化問題は，**連続最適化**（continuous optimization），離散値をとる最適化問題は**離散最適化**（discrete optimization）とよばれる．多くの場合，連続値は適当な精度で打ち切られた有理数として計算されるので，理論的には離散最適化によって連続最適化を解くことができる．実際には連続最適化では，変数が連続値であることを利用した最適化手法を用いて効率的に解くことができるので，連続最適化と離散最適化を分けて考えるのである．

離散最適化問題は，変数が数値か否かによってさらに2つに分類される．数値に限定した離散最適化問題を**整数最適化**（integer optimization）とよび，数値でなく組合せ構造をもつ有限集合から解を選択する問題を**組合せ最適化**（combinatorial optimization）とよぶ．整数を用いて組合せ構造を表すことができ，逆に整数値をとる解の組も組合せ構造として表すことができるので，この2つの問題は実質的に同値である．実際には整数最適化では，整数値を実数に緩和した連続最適化問題を基礎として解法を組み立て，組合せ最適化では組合せ構造を利用して解法を組み立てるので，分けて考えるのである．なお，整数に限定された変数と連続最適化で取り扱う実数をとる変数の両者が含まれる問題を特に，**混合整数最適化**（mixed integer optimization）とよぶ．多くの数理最適化ソルバーはこの混合整数最適化に特化したものである．

変数が数値で表されている問題を特に**数理最適化**（mathematical optimization）とよぶ．数理最適化には連続最適化と（混合）整数最適化が含まれる．

■ **1.3.2 線形か非線形か**

連続最適化は，大きく線形と非線形に分類される．目的関数や制約条件がすべてアフィン関数（線形関数を平行移動して得られる関数）として記述されている問題を**線形最適化**（linear optimization），そうでない問題を**非線形最適化**（nonlinear optimization）とよぶ．

非線形最適化には様々なクラスがある．目的関数だけが2次関数の**2次最適化**（quadratic optimization），制約にも2次関数が含まれる**2次制約最適化**（quadratic constrained optimization）の他にも，より一般的な**2次錐最適化**（second-order cone optimization），**半正定値最適化**（semi-definite optimization），**多項式最適化**（polynomial optimization）などがある．

変数が整数に限定された線形最適化問題を**整数線形最適化**（integer linear optimization）とよぶ．任意の非線形関数は，整数変数を用いて区分的線形関数として近似できるので，理論的には（効率を度外視すれば）非線形最適化は整数線形最適化で解くことが

できる．一方，$x(1-x)=0$ という形の多項式制約によって変数 x が 0 か 1 かに限定
でき，このような 2 値の整数変数を用いれば任意の整数変数を表現できるので，理論
的には整数最適化は多項式最適化で解くことができる．繰り返しになるが，原理的に
は同値である問題に対して分類が必要なのは，個々の問題に特化した解法が必要であ
るからである．

■ 1.3.3　凸か非凸か

非線形最適化は，目的関数ならびに制約領域が**凸**（convex）であるか否かによって
問題が分類できる．

関数 $f : \mathbf{R}^n \to \mathbf{R}$ は，すべての $x, y \in \mathbf{R}^n$ と $\lambda \in [0, 1]$ に対して

$$f(\lambda x + (1 - \lambda)y) \le \lambda f(x) + (1 - \lambda)f(y)$$

が成立するとき，**凸関数**（convex function）とよばれ，

$$f(\lambda x + (1 - \lambda)y) \ge \lambda f(x) + (1 - \lambda)f(y)$$

が成立するとき，**凹関数**（concave function）とよばれる．

また，集合 S は，すべての $x, y \in S$ と $\lambda \in [0, 1]$ に対して

$$\lambda x + (1 - \lambda)y \in S$$

が成立するとき，**凸集合**（convex set）とよばれる．

凸集合で表される制約領域内で凸関数を最小化（もしくは凹関数を最大化）する場合
には，大域的最適解と局所的最適解が一致するため，探索が容易になる．そのような問
題を**凸最適化**（convex optimization）とよび，そうでない問題を**非凸最適化**（nonconvex
optimization）とよぶ．

整数最適化や組合せ最適化も（特殊な場合を除いては）非凸最適化の範疇に含まれ
るが，一般に大域的最適化という用語は，非線形な非凸最適化問題を対象として用い
られる．非凸最適化に対して大域的最適解を求める際には何らかの列挙法か近似解法
に頼ることが多い．

ちなみに線形関数は凸でもあり凹でもあるので，線形最適化は凸最適化に分類され
る．他にも半正定値最適化，2 次錐最適化，凸 2 次制約最適化も凸最適化であるので，
その性質を利用した効率的な解法が構築できる．

■ 1.3.4　大域的最適解か局所的最適解か

ほとんどの非線形最適化の目的は，局所的最適解を求めることである．凸最適化問
題に対しては局所的最適解が大域的最適解になるので，それで十分である．非凸な問

題の場合には，本来ならばすべての実行可能解の中で最も目的関数が良い大域的最適解を求めたいのであるが，それが困難であるので，大域的最適解の必要条件を満たす解（局所的最適解）を求める訳である．

非線形最適化問題に対する主流の解法は，初期解を改善していく反復法であるので，初期解を変えて何度も局所的最適解を求めることによって大域的最適解に近い解を求めることができる．一方，厳密な意味での大域的最適解を求める問題を**大域的最適化**（global optimization）とよぶ．大域的最適化は本質的に難しい問題となるが，問題の構造を利用した厳密解法の研究が進められている．

■ 1.3.5 不確実性の有無

問題に内在するパラメータに不確実性が含まれている問題を**確率最適化**（stochastic optimization）とよぶ．また，不確実性をパラメータの範囲に変換して，範囲内での最悪のパラメータに対する最適解を求める問題を**ロバスト最適化**（robust optimization）とよぶ．将来発生する事象に対して何の情報ももたない問題を**オンライン最適化**（online optimization）とよぶ．一方，すべてのパラメータが確定値の問題を，特に**確定最適化**（deterministic optimization）とよんで区別する場合もある．

■ 1.3.6 ネットワーク構造をもつか否か

ネットワーク構造をもつ最適化問題に対しては，その構造を生かした解法がより高速に設計できる場合がある．そのような最適化問題を**ネットワーク最適化**（network optimization）とよぶ．

ネットワーク上の幾つかの最適化問題は，線形最適化に帰着できる．しかし，多くの場合，ネットワークの構造を利用した，より高速なアルゴリズムを用いることができる．

関連動画

1.4 線形最適化問題

線形最適化問題の一般形は以下のように書ける．

$$\begin{aligned} minimize \quad & c^T x \\ s.t. \quad & Ax \leq b \\ & x \in \mathbf{R}^n \end{aligned}$$

ここで，x は変数を表す n 次元実数ベクトル，A は制約の左辺係数を表す $m \times n$ 行列，c は目的関数の係数を表す n 次元ベクトル，b は制約式の右辺定数を表す m 次元ベクトルである．

簡単な例題と実行可能領域（実行可能解の範囲）を示す．

$$
\begin{array}{llll}
maximize & 15x_1 & +18x_2 & \\
s.t. & 2x_1 & +x_2 & \leq & 60 \\
& x_1 & +2x_2 & \leq & 60 \\
& x_1, x_2 & & \geq & 0
\end{array}
$$

ここで，"maximize" は最大化（負号をつけて最小化）を表す．

```
model = Model("lo1")

x1 = model.addVar(name="x1")
x2 = model.addVar(name="x2")
model.update()  # Gurobiの怠惰な更新(lazy update)という仕様（忘れずに！）

model.addConstr(2 * x1 + x2 <= 60)
model.addConstr(x1 + 2 * x2 <= 60)
model.setObjective(15 * x1 + 18 * x2, GRB.MAXIMIZE)

model.optimize()

if model.Status == GRB.Status.OPTIMAL:
    print("Opt. Value=", model.ObjVal)
    for v in model.getVars():
        print(v.VarName, v.X)
```

```
Set parameter Username
Academic license - for non-commercial use only - expires 2023-06-24
Gurobi Optimizer version 9.5.2 build v9.5.2rc0 (mac64[x86])
Thread count: 8 physical cores, 16 logical processors, using up to 16 threads
Optimize a model with 2 rows, 2 columns and 4 nonzeros
Model fingerprint: 0x55e46f11
Coefficient statistics:
  Matrix range     [1e+00, 2e+00]
  Objective range  [2e+01, 2e+01]
  Bounds range     [0e+00, 0e+00]
  RHS range        [6e+01, 6e+01]
Presolve time: 0.01s
Presolved: 2 rows, 2 columns, 4 nonzeros

Iteration    Objective       Primal Inf.    Dual Inf.      Time
       0    3.3000000e+31   3.000000e+30   3.300000e+01      0s
       2    6.6000000e+02   0.000000e+00   0.000000e+00      0s

Solved in 2 iterations and 0.01 seconds (0.00 work units)
```

```
Optimal objective  6.600000000e+02
Opt. Value= 660.0
x1 20.0
x2 20.0
```

```
#draw Ax>=b
A = np.array([[-2, -1],
              [-1, -2],
              [1, 0],
              [0, 1]])
b = np.array([-60, -60, 0, 0])

intvalpy.lineqs(A, b, title='Feasible Region', color='gray', alpha=0.5, s=10, size
    =(10,10), save=False, show=True);
```

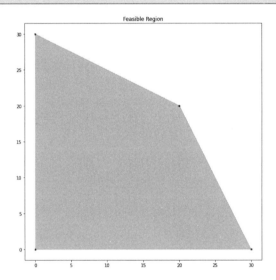

1.5　錐最適化問題

　錐最適化の枠組みを用いると，2 次錐最適化や半正定値最適化などの様々な最適化問題を統一的に記述できる．

　凸集合 $C \subseteq \mathbf{R}^n$ は，任意の $x \in C$ と任意の $\lambda > 0$ に対して $\lambda x \in C$ となるとき，**凸錐**（convex cone）とよばれる．凸錐 C を用いると，**錐線形最適化問題**（cone linear optimization problem）は以下のように定義される．

$$minimize \quad c^T x$$
$$s.t. \quad Ax \leq b$$
$$x \in C$$

ここで, x は変数を表す n 次元実数ベクトル, A は制約の左辺係数を表す $m \times n$ 行列, c は目的関数の係数を表す n 次元ベクトル, b は制約式の右辺定数を表す m 次元ベクトルである.

$C = \mathbf{R}_+^n$ のとき線形最適化問題になり, C が以下に定義される n 次元空間の 2 次錐 (second-order cone) K_2^n のとき 2 次錐最適化問題になる.

$$K_2^n = \{x \in \mathbf{R}^n | \|(x_2, x_3, \ldots, x_n)\|_2 \leq x_1\}$$

ここで

$$\|(x_2, x_3, \ldots, x_n)\|_2 = \sqrt{x_2^2 + x_3^2 + \cdots + x_n^2}$$

である.

しばしば, 以下の回転つき 2 次錐 (rotated second-order cone) K_r^n で考えた方が, 自然な定式化ができる.

$$K_r^n = \left\{x \in \mathbf{R}^n \mid x_3^2 + \cdots + x_n^2 \leq 2x_1 x_2, \ x_1, x_2 \geq 0\right\}$$

以下の直交変換 T_n によって $x \in K_2^n \Leftrightarrow T_n x \in K_r^n$ となるので, 回転つき 2 次錐も 2 次錐に他ならない.

$$T_n = \begin{bmatrix} 1/\sqrt{2} & 1/\sqrt{2} & 0 \\ 1/\sqrt{2} & -1/\sqrt{2} & 0 \\ 0 & 0 & I_{n-2} \end{bmatrix}$$

また, C が以下に定義される 3 次元空間の指数錐 (exponential cone) K_{exp}^3 のとき指数錐最適化問題になる.

$$K_{exp}^3 = \left\{(x, y, z) \in \mathbf{R}^3 | y e^{x/y} \leq z, y > 0\right\}$$

次に, **半正定値最適化問題** (semidefinite optimization problem) を定義する.

$p \times p$ の実対称行列の集合を以下のように定義する.

$$S^p = \{X \in \mathbf{R}^{p \times p} | X = X^T\}$$

$p \times p$ の正方行列 X は任意のベクトル $\lambda \in \mathbf{R}^p$ に対して $\lambda^T X \lambda \geq 0$ のとき**半正定値** (positive semidefinite) とよばれ, $X \geq 0$ と書かれる.

以下に定義される対称半正定値行列の集合 S_+^p は凸錐になる.

$$S_+^p = \{X \in S^p | X \geq 0\}$$

対称性から $p(p+1)/2$ 個の実数値を定めれば実対称行列が定まる. $n = p(p+1)/2$ としたとき, 1 つの行列は n 次元実数ベクトル x とみなすことができる. 錐 C を半正定値行列の集合 S_+^p としたとき, 錐最適化問題は半正定値最適化問題とよばれる.

2 次錐最適化問題は Gurobi で解くことができるが, より一般的な錐に対しては SCS (https://www.cvxgrp.org/scs/ オープンソース) や MOSEK (https://www.mosek.com/ 商用) などのソルバーを用いる必要がある.

以下に, 2 次錐最適化問題の簡単な例題を示す. 最初の制約式は 2 次錐制約 $\|(x, y)\|_2 \leq z$ を表している.

$$
\begin{array}{lllll}
maximize & 2x & +2y & +z & \\
s.t. & x^2 & +y^2 & & \leq & z^2 \\
& 2x & +3y & +4z & \leq & 10 \\
& & & x, y, z & \geq & 0
\end{array}
$$

```python
model = Model()
x = model.addVar(name="x")
y = model.addVar(name="y")
z = model.addVar(name="z")
model.update()

model.addConstr(x**2+y**2 <= z**2)
model.addConstr(2*x+3*y+4*z <= 10)

model.setObjective(2*x + 2*y + z, GRB.MAXIMIZE)

model.optimize()

if model.Status == GRB.Status.OPTIMAL:
    print("Opt. Val.=", model.ObjVal)
    print("(x,y,z)=", (x.X, y.X, z.X))
```

```
... (略) ...

Barrier solved model in 4 iterations and 0.01 seconds (0.00 work units)
Optimal objective 5.16611464e+00

Opt. Val.= 5.166114644100779
(x,y,z)= (1.2806817328489926, 0.5960736364675742, 1.4126039054676456)
```

1.6 整数最適化問題

整数最適化問題は, 以下のように書ける.

$$minimize \quad f(x)$$
$$s.t. \qquad g_i(x) \le 0 \quad i = 1, 2, \ldots, m$$
$$x \in \mathbf{Z}^n$$

ここで $\mathbf{Z}$ は整数全体の集合, x は変数を表す n 次元ベクトル, $f : \mathbf{R}^n \to \mathbf{R}$ は目的関数, $g_i : \mathbf{R}^n \to \mathbf{R} (i = 1, 2, \ldots, m)$ は制約の左辺を表す関数である.

一般の整数最適化問題は解くことが困難であるが, 目的関数と制約関数が線形である整数線形最適化問題ならびにその拡張に対しては, 汎用のソルバーが準備されている. 一般の整数線形最適化問題は以下のように書ける.

$$minimize \quad c^T x$$
$$s.t. \qquad Ax \le b$$
$$x \in \mathbf{Z}^n$$

ここで, x は変数を表す n 次元ベクトル, A は制約の左辺係数を表す $m \times n$ 行列, c は目的関数の係数を表す n 次元ベクトル, b は制約式の右辺定数を表す m 次元ベクトルである.

変数が一般の整数でなく, 0 もしくは 1 の 2 値をとることが許される場合, 整数最適化問題は特に **0-1 整数最適化問題** (0-1 integer linear optimization problem) とよばれる. 整数変数に 0 以上 1 以下という制約を付加すれば 0-1 整数最適化問題になり, さらに任意の整数は 2 進数で表現することができる (つまり 0-1 整数最適化問題を解ければ一般の整数最適化問題を解くことができる) ので, この 2 つは (少なくとも計算量の理論においては) 同値である.

変数の一部が整数でなく実数であることを許した問題を混合整数最適化問題とよぶ. 多くの数理最適化ソルバーはこの問題を対象としている. また, モダンな数理最適化ソルバーは凸 2 次の目的関数や凸 2 次制約, さらには 2 次錐制約を取り扱うことができる.

簡単な例題を示す.

$$minimize \qquad y \quad +z$$
$$s.t. \qquad x \quad +y \quad +z \quad = \quad 32$$
$$2x \quad +4y \quad +8z \quad = \quad 80$$
$$x, y, z \quad \in \quad \mathbf{Z}_+$$

```
model = Model()
x = model.addVar(vtype="I", name="x")
y = model.addVar(vtype="I", name="y")
z = model.addVar(vtype="I", name="z")
model.update()
```

```
model.addConstr(x + y + z == 32)
model.addConstr(2 * x + 4 * y + 8 * z == 80)

model.setObjective(y + z, GRB.MINIMIZE)

model.optimize()

if model.Status == GRB.Status.OPTIMAL:
    print("Opt. Val.=", model.ObjVal)
    print("(x,y,z)=", (x.X, y.X, z.X))
```

```
... (略) ...

Explored 0 nodes (0 simplex iterations) in 0.01 seconds (0.00 work units)
Thread count was 1 (of 16 available processors)

Solution count 1: 4

Optimal solution found (tolerance 1.00e-04)
Best objective 4.000000000000e+00, best bound 4.000000000000e+00, gap 0.0000%
Opt. Val.= 4.0
(x,y,z)= (28.0, 2.0, 2.0)
```

■1.7■ ロバスト最適化

　確率最適化では，パラメータ（問題に含まれる数値データ）の不確実性を特定の確率分布が既知として扱うが，実際には，パラメータの確率分布を推定することは難しく，単にパラメータの動きうる範囲だけが与えられている場合が多い．ここでは，データがある範囲内で変化しても，実行可能解になることを保証した**ロバスト最適化**（robust optimization）について考える．

　以下の線形最適化問題を考える．

$$maximize \quad \sum_{j \in N} c_j x_j$$
$$s.t. \quad \sum_{j \in N} a_{ij} x_j \le b_i \quad \forall i \in M$$

ここで，変数 x_j は（負の値もとれる）実数変数であることに注意されたい．

　いま，制約の係数 a_{ij} は不確実性もつ確率変数 $\tilde{a}_{ij}$ であり，区間 $[a_{ij} - \hat{a}_{ij}, a_{ij} + \hat{a}_{ij}]$ 内で変化するものとする．ロバスト最適化の目的は，係数が変化しても実行可能性を保証するような解の中で，目的関数を最大にする解を求めることである．係数 $\tilde{a}_{ij}$ が独立に変化するものと仮定すると，ロバスト最適化の意味での最適解は，以下の線形

最適化問題によって得ることができる.

$$\begin{array}{ll} maximize & \displaystyle\sum_{j \in N} c_j x_j \\ s.t. & \displaystyle\sum_{j \in N} a_{ij} x_j + \sum_{j \in N} \hat{a}_{ij} u_j \leq b_i \quad \forall i \in M \\ & -u_j \leq x_j \leq u_j \qquad\qquad \forall j \in N \\ & u_j \geq 0 \qquad\qquad\qquad \forall j \in N \end{array}$$

ここで, u_j は非負の実数変数であり, 最適解 x^* においては $u_j = |x_j^*|$ が成立する.

上のロバスト最適化のフレームワークは, パラメータの変化が最悪の場合を想定したものであるが, 現実的には最悪のシナリオを考慮して最適化を立てるのではなく, ばらつきをパラメータによって制御できるものが望ましい. ここでは, 制約 i に対して, 高々 Γ_i 個の変数が変化するという制限を付けたロバスト最適化を考え, 上と同様に線形最適化に帰着されることを示す. 以下では簡単のため, 制御パラメータ Γ_i は正数であると仮定する.

上の仮定の下でのロバスト最適化は, 以下のように書ける.

$$\begin{array}{ll} maximize & \displaystyle\sum_{j \in N} c_j x_j \\ s.t. & \displaystyle\sum_{j \in N} a_{ij} x_j + \max_{S \subseteq N, |S| \leq \Gamma_i} \left\{ \sum_{j \in S} \hat{a}_{ij} |x_j| \right\} \leq b_i \quad \forall i \in M \end{array}$$

上の定式化において, 制約 i における

$$\max_{S \subseteq N, |S| \leq \Gamma_i} \left\{ \sum_{j \in S} \hat{a}_{ij} |x_j| \right\}$$

の部分を ($|x_j|$ を定数と見なして) 線形最適化として記述すると,

$$\begin{array}{ll} maximize & \displaystyle\sum_{j \in N} \hat{a}_{ij} |x_j| z_{ij} \\ s.t. & \displaystyle\sum_{j \in N} z_{ij} \leq \Gamma_i \\ & 0 \leq z_{ij} \leq 1 \qquad \forall j \in N \end{array}$$

となる. 線形最適化問題の実行可能領域は有界であり, 実行可能解 ($z = 0$) をもつので, 強双対定理より, 双対問題と同じ最適目的関数値をもつことが言える. 最初の式 $\sum_{j \in N} z_{ij} \leq \Gamma_i$ に対する双対変数を θ_i, 2番目の式 $z_{ij} \leq 1$ に対する双対変数を y_{ij} とすると, 上の問題の双対問題は

$$\begin{array}{ll} minimize & \Gamma_i \theta_i + \displaystyle\sum_{j \in N} y_{ij} \\ s.t. & \theta_i + y_{ij} \geq \hat{a}_{ij} |x_j| \quad \forall j \in N \\ & y_{ij} \geq 0 \qquad\qquad \forall j \in N \\ & \theta_i \geq 0 \end{array}$$

となる.

ロバスト最適化の定式化における $\max_{S \subseteq N, |S_i| \leq \Gamma_i} \{\sum_{j \in S} \hat{a}_{ij}|x_j|\}$ の部分を上で導いた双対問題に置き換え,さらに $|x_j|$ の絶対値を補助変数 u_j を用いて外すことによって,ロバスト最適化と同値な以下の線形最適化問題を得る.

$$
\begin{aligned}
maximize \quad & \sum_{j \in N} c_j x_j \\
s.t. \quad & \sum_{j \in N} a_{ij} x_j + \Gamma_i \theta_i + \sum_{j \in N} y_{ij} \leq b_i && \forall i \in M \\
& \theta_i + y_{ij} \geq \hat{a}_{ij} u_j && \forall i \in M, j \in N \\
& -u_j \leq x_j \leq u_j && \forall j \in N \\
& y_{ij} \geq 0 && \forall i \in M, j \in N \\
& \theta_i \geq 0 && \forall i \in M \\
& u_j \geq 0 && \forall j \in N
\end{aligned}
$$

今度は,制約 i に対して係数のベクトル $\tilde{a}_i = (\tilde{a}_{i1}, \tilde{a}_{i2}, \ldots, \tilde{a}_{i|N|})$ が,ベクトル a_i を中心とした楕円 $\{a_i + P_i u \mid \|u\|_2 \leq 1\}$ 内にあるという制約を付加した場合を考える.

ここで

$$
\max_{\|u\|_2 \leq 1} \{(a_i + P_i u)^T x\} \leq b_i
$$

は

$$
a_i^T x + \|P_i^T x\|_2 \leq b_i
$$

と同値であるので,楕円の不確実性を考えたロバスト最適化は,以下の2次錘最適化問題に帰着される.

$$
\begin{aligned}
maximize \quad & \sum_{j \in N} c_j x_j \\
s.t. \quad & a_i^T x + \|P_i^T x\|_2 \leq b_i && \forall i \in M
\end{aligned}
$$

1.8 栄養問題

線形最適化問題の例として**栄養問題**(diet problem)を考え,実行不可能性とその対処法について述べる.

あなたは，某ハンバーガーショップの調査を命じられた健康オタクの諜報員だ．あなたは任務のため，毎日ハンバーガーショップだけで食事をしなければならないが，健康を守るため，なるべく政府の決めた栄養素の推奨値を遵守しようと考えている．考慮する栄養素は，カロリー（Cal），炭水化物（Carbo），タンパク質（Protein），ビタミン A（VitA），ビタミン C（VitC），カルシウム（Cal），鉄分（Iron）であり，1 日に必要な量の上下限は，以下の表の通りとする．現在，ハンバーガーショップで販売されている商品は，CQPounder, Big M, FFilet, Chicken, Fries, Milk, VegJuice の 6 種類だけであり，それぞれの価格と栄養素の含有量は，以下のようになっている．さらに，調査費は限られているので，なるべく安い商品を購入するように命じられている．さて，どの商品を購入して食べれば，健康を維持できるだろうか？ただし，ここでは簡単のため，商品は半端な数で購入できるものと仮定する．

栄養素 N	Cal	Carbo	Protein	VitA	VitC	Calc	Iron	価格
商品名 F			n_{ij}					c_j
CQPounder	556	39	30	147	10	221	2.4	360
Big M	556	46	26	97	9	142	2.4	320
FFilet	356	42	14	28	1	76	0.7	270
Chicken	431	45	20	9	2	37	0.9	290
Fries	249	30	3	0	5	7	0.6	190
Milk	138	10	7	80	2	227	0	170
VegJuice	69	17	1	750	2	18	0	100
上限 a_i	3000	375	60	750	100	900	7.5	
下限 b_i	2000	300	50	500	85	660	6.0	

一般には最適化問題は常に最適解をもつとは限らない．特に，現実的な問題を考える場合には，（制約条件がきつすぎて）解が存在しない場合も多々ある．

実行可能解が存在しない場合を**実行不可能**（infeasible）もしくは**実行不能**とよぶ．たとえば，以下の線形最適化問題は，すべての制約を満たす領域（実行可能領域）が空なので，実行不可能である．

$$maximize \quad x_1 + x_2$$
$$s.t. \quad x_1 - x_2 \leq -1$$
$$-x_1 + x_2 \leq -1$$
$$x_1, x_2 \geq 0$$

また，目的関数値が無限に良くなってしまう場合を**非有界**（unbounded）とよぶ．たとえば，以下の線形最適化問題は，目的関数値がいくらでも大きい解が存在するので，非有界である．

$$maximize \quad x_1 + x_2$$

$$s.t. \qquad x_1 - x_2 \geq -1$$

$$-x_1 + x_2 \geq -1$$

$$x_1, x_2 \geq 0$$

非有界の場合の実行可能領域を以下に示す（intvalpy パッケージ https://pypi.org/
project/intvalpy/ を利用している）．実行不可能な場合は，実行可能領域は外側に
なるので，空になる．

```
#draw Ax>=b
A = np.array([[1, -1],
              [-1, 1],
              [1, 0],
              [0, 1]])
b = np.array([-1, -1, 0, 0])

intvalpy.lineqs(A, b, title='Feasible Region', color='gray', alpha=0.5, s=10, size
    =(10,10), save=False, show=True);
```

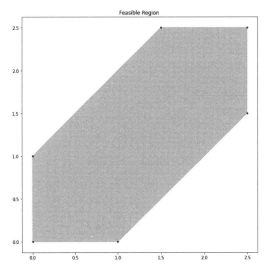

実際に実行不可能もしくは非有界の問題を Gurobi で解いてみよう．

```
model = Model()
x ={}
for i in range(1,3):
    x[i] = model.addVar(vtype="C", name= f"x({i})")
model.update()
#infeasible
#model.addConstr(x[1]-x[2]<=-1)
```

```
#model.addConstr(-x[1]+x[2]<=-1)
#unbounded
model.addConstr(-x[1]+x[2]>=-1)
model.addConstr(x[1]-x[2]>=-1)
model.setObjective(x[1]+x[2], GRB.MAXIMIZE)
model.optimize()
print("Status=", model.status)
```

```
... (略) ...

Solved in 0 iterations and 0.00 seconds (0.00 work units)
Infeasible or unbounded model
Status= 4
```

　いずれの場合も，status が 4 の Infeasible or unbounded model という答えが返ってくる．これは，Gurobi の前処理によって問題に解がないことが判明したが，実行不可能か非有界かは分からないということを意味する．

　実際に，実行不可能か非有界なのかを判別するのは，前処理の可否を表す **DualReductions** パラメータを 0 に設定して，再求解する必要がある．

　また，非有界の場合には，目的関数が無限に良くなるベクトルを得ることができる（これは Benders の分解法などの特殊解法を実装するときに役に立つ）．それには，パラメータ **InfUnbdInfo** を 1 に設定し，最適化後にモデルの **UnbdRay** 属性を参照すれば良い．

```
model.Params.DualReductions=0
model.Params.InfUnbdInfo=1
model.optimize()
print("Status=", model.status)
print("無限に目的関数が大きくなるベクトル=", model.UnbdRay)
```

```
... (略) ...

Solved in 0 iterations and 0.00 seconds (0.00 work units)
Unbounded model
Status= 5
無限に目的関数が大きくなるベクトル= [1.0, 1.0]
```

■ 1.8.1　実行不可能性の対処法（制約の逸脱を許すモデル化）

　実行不可能な問題に対する現実的な対処法を，栄養問題を用いて解説する．

　古典的な栄養問題は線形最適化問題であるので，半端な数の商品を購入することも許されているが，ここではより現実的に整数最適化問題として定式化する．

　商品の集合を F（Food の略），栄養素の集合を N（Nutrient の略）とする．栄養素 i の 1 日の摂取量の下限を a_i，上限を b_i とし，商品 j の価格を c_j，含んでいる栄養素 i の量を n_{ij} とする．商品 j を購入する個数を非負の実数変数 x_j で表すと，栄養問題は以下のように定式化できる．

$$minimize \quad \sum_{j \in F} c_j x_j$$
$$s.t. \quad a_i \le \sum_{j \in F} n_{ij} x_j \le b_i \quad i \in N$$
$$x_j \ge 0 \qquad\qquad j \in F$$

上の問題例は，実行不可能である．ここでは，制約の逸脱を表す以下の 2 つの変数を追加することによって，対処する．

- d_i: 不足変数
- s_i: 超過変数

　制約は，以下のように変更する．

$$a_i - d_i \le \sum_{j \in F} n_{ij} x_j \le b_i + s_i \quad i \in N$$

また，目的関数にも制約の逸脱ペナルティを追加する．ここで，M は十分に大きな数とする．

$$minimize \quad \sum_{j \in F} c_j x_j + \sum_{i \in N} M(d_i + s_i)$$

Gurobi でモデル化してみよう．

```
F, c, n = multidict(
    {
        "CQPounder": [
            360,
            {
                "Cal": 556,
                "Carbo": 39,
                "Protein": 30,
                "VitA": 147,
                "VitC": 10,
                "Calc": 221,
                "Iron": 2.4,
            },
        ],
        "Big M": [
            320,
            {
                "Cal": 556,
                "Carbo": 46,
                "Protein": 26,
```

```
            "VitA": 97,
            "VitC": 9,
            "Calc": 142,
            "Iron": 2.4,
        },
    ],
    "FFilet": [
        270,
        {
            "Cal": 356,
            "Carbo": 42,
            "Protein": 14,
            "VitA": 28,
            "VitC": 1,
            "Calc": 76,
            "Iron": 0.7,
        },
    ],
    "Chicken": [
        290,
        {
            "Cal": 431,
            "Carbo": 45,
            "Protein": 20,
            "VitA": 9,
            "VitC": 2,
            "Calc": 37,
            "Iron": 0.9,
        },
    ],
    "Fries": [
        190,
        {
            "Cal": 249,
            "Carbo": 30,
            "Protein": 3,
            "VitA": 0,
            "VitC": 5,
            "Calc": 7,
            "Iron": 0.6,
        },
    ],
    "Milk": [
        170,
        {
            "Cal": 138,
            "Carbo": 10,
            "Protein": 7,
            "VitA": 80,
            "VitC": 2,
```

```
                    "Calc": 227,
                    "Iron": 0,
                },
            ],
        "VegJuice": [
            100,
            {
                "Cal": 69,
                "Carbo": 17,
                "Protein": 1,
                "VitA": 750,
                "VitC": 2,
                "Calc": 18,
                "Iron": 0,
            },
        ],
    }
)
N, a, b = multidict(
    {
        "Cal": [2000, 3000],
        "Carbo": [300, 375],
        "Protein": [50, 60],
        "VitA": [500, 750],
        "VitC": [85, 100],
        "Calc": [660, 900],
        "Iron": [6.0, 7.5],
    }
)
```

```
model = Model("modern diet")
x, s, d = {}, {}, {}
for j in F:
    x[j] = model.addVar(vtype="C", name=f"x({j})")
    for i in N:
        s[i] = model.addVar(vtype="C", name=f"surplus({i})")
        d[i] = model.addVar(vtype="C", name=f"deficit({i})")
model.update()
for i in N:
    model.addConstr(quicksum(n[j][i] * x[j] for j in F) >= a[i] - d[i], f"NutrLB({i})")
    model.addConstr(quicksum(n[j][i] * x[j] for j in F) <= b[i] + s[i], f"NutrUB({i})")
model.setObjective(
    quicksum(c[j] * x[j] for j in F) + quicksum(9999 * d[i] + 9999 * s[i] for i in N),
    GRB.MINIMIZE,
)
model.optimize()
status = model.Status
if status == GRB.Status.OPTIMAL:
    print("Optimal value:", model.ObjVal)
```

```
for j in F:
    if x[j].X > 0:
        print(j, x[j].X)
for i in N:
    if d[i].X > 0:
        print(f"deficit of {i} ={d[i].X}")
    if s[i].X > 0:
        print("surplus of {i} ={s[i].X}")
```

```
... （略）...

Solved in 11 iterations and 0.01 seconds (0.00 work units)
Optimal objective  2.651191876e+05
Optimal value: 265119.18759267527
CQPounder 0.013155307054175015
Fries 10.422664500064354
Milk 2.5154631133990755
VegJuice 0.7291054943881469
deficit of VitC =26.265987213562042
```

■ **1.8.2　逸脱最小化**

Gurobi には，モデルを緩和（整数条件を取り払い線形最適化問題にする）し，さらに制約の逸脱を自動的に最小化してくれるメソッド feasiRelaxS が準備されている．これを使って，実行不可能性に対処することができる．

引数は以下の通り．

- relaxobjtype: 逸脱量の評価方法を指定する．0 のとき線形，1 のとき 2 乗，2 のとき逸脱した制約の本数
- minrelax: False のとき制約の逸脱量を最小化し，True のとき逸脱最小化の条件下で目的関数を最小化する
- vrelax: 変数の上下限を緩和するとき True
- crelax: 制約の逸脱を許すとき True

栄養問題の制約の逸脱量の 2 乗和を最小化し，さらに逸脱を許した解の中で目的関数を最小化するものを求めてみる．

```
model = Model("modern diet (overcome infeasibility using feaseRelaxS)")
x = {}
for j in F:
    x[j] = model.addVar(vtype="C", name=f"x({j})")
model.update()
for i in N:
    model.addConstr(quicksum(n[j][i] * x[j] for j in F) >= a[i], f"NutrLB({i})")
    model.addConstr(quicksum(n[j][i] * x[j] for j in F) <= b[i], f"NutrUB({i})")
```

```
model.setObjective(
    quicksum(c[j] * x[j] for j in F),
    GRB.MINIMIZE,
)

model.feasRelaxS(relaxobjtype= 1, minrelax=True, vrelax=False, crelax=True)
model.optimize()
violation = 0.
for i in N:
    val = sum(n[j][i] * x[j].X for j in F)
    violation+= ( max(a[i]-val,0.))**2 + (max(val-b[i],0.))**2
    print(a[i]," <= ",val," <= ",b[i])
print("violation=", violation)
print("Obj. func. val=", sum(c[j] * x[j].X for j in F))
```

```
Solve phase I feasrelax model to determine minimal relaxation


... (略) ...

Barrier solved model in 26 iterations and 0.02 seconds (0.00 work units)
Optimal objective 2.48760390e+03

2000  <=  3000.485876516016  <=  3000
300  <=  351.1052888032516  <=  375
50  <=  49.76067020031977  <=  60
500  <=  750.0202074159017  <=  750
85  <=  58.75111160189155  <=  100
660  <=  659.8891003583863  <=  900
6.0  <=  6.268356601323877  <=  7.5
violation= 689.3102039483508
Obj. func. val= 2487.6038964522313
```

■ 1.8.3　既約不整合部分系

　Gurobi には，既約不整合部分系（irreducible Inconsistent Subsystem: IIS）を計算するメソッド computeIIS が準備されている．既約不整合部分系とは，以下の性質をもつ，変数の上下限と制約の部分集合である．

- 実行不可能
- 上下限もしくは制約を 1 つ除くと実行可能になる

　以下の例では，栄養問題の既約不整合部分系を調べ，テキストファイル model.ilp に出力している．さらに，実行不可能性に寄与している制約を，実行可能になるまで，1 本ずつ除いていく．

```
model = Model("modern diet (overcome infeasibility using IIS)")
x = {}
```

```
for j in F:
    x[j] = model.addVar(vtype="C", name=f"x({j})")
model.update()
for i in N:
    model.addConstr(quicksum(n[j][i] * x[j] for j in F) >= a[i], f"NutrLB({i})")
    model.addConstr(quicksum(n[j][i] * x[j] for j in F) <= b[i], f"NutrUB({i})")
model.setObjective(
    quicksum(c[j] * x[j] for j in F),
    GRB.MINIMIZE,
)

model.Params.OutputFlag=0
model.computeIIS()
model.write("model.ilp")

while True:
    model.computeIIS()
    for con in model.getConstrs():
        if con.IISConstr:
            print("Remove constraint:", con.ConstrName)
            model.remove(con)
            break
    model.optimize()
    status = model.Status
    if status == GRB.OPTIMAL:
        break
```

```
Remove constraint: NutrUB(Cal)
Remove constraint: NutrUB(Carbo)
Remove constraint: NutrUB(Protein)
Remove constraint: NutrUB(VitA)
```

1.9 混合問題

　ここでは，古典的な問題である**混合問題**（product mix problem）を考え，問題のパラメータが変動するロバスト最適化が，2次錐最適化問題に帰着できることを示す．

　4種類の原料を調達・混合して1種類の製品を製造している工場を考える．原料には，3種類の成分が含まれており，成分1については20%以上に，成分2については30%以上に，成分3については40%以上になるように混合したい．各原料の成分含有比率は，以下の表（各原料に含まれる成分 k の比率）のようになっている．原料の単価が1トンあたり $5, 6, 8, 20$ 万円であるとしたとき，どのように原料を混ぜ合わせれば，製品1トンを最小費用で製造できるだろうか？

　原料 i の価格を p_i，原料 i に含まれる成分 k の比率を a_{ik}，製品に含まれるべき成

成分	1	2	3
原料 1	25	15	30
原料 2	30	30	10
原料 3	15	65	0
原料 4	10	5	80

分 k の比率の下限を LB_k とする．原料 i の混合比率を表す実数変数を x_i としたとき，今回の混合問題は，以下のように記述できる．

$$minimize \quad \sum_{i=1}^{4} p_i x_i$$

$$s.t. \quad \sum_{i=1}^{4} x_i = 1$$

$$\sum_{i=1}^{4} a_{ik} x_i \geq LB_k \quad k = 1, 2, 3$$

$$x_i \geq 0 \qquad i = 1, 2, 3, 4$$

ところが実際の問題では，このように比率が正確に決まっていることは珍しく，いくらかの誤差を伴っているのが普通である．例えばカタログ上では原料 1 に成分 3 が 30% 含まれることになっているが，実際の原料ではそれが 29% かもしれないし，30.5% とか多いかもしれない．このように誤差を考慮し，最悪の誤差でも制約を満たすという条件の下で最適化することを**ロバスト最適化**（robust optimization）という．

　ここでは成分の比率 a_{ik} が誤差 e_{ik} をもっている状況を考え，この誤差に関して「実際の値が a_{ik} より常に上であったり，常に下であったりということはなく，a_{ik} が中心である」と仮定する．つまり誤差 e_{ik} は正の値も負の値も同じように取りうると仮定する．

　また，誤差はそれほどは大きくないと考えなければこのような問題は解けるはずもないので，誤差の量に関して何らかのモデル化が必要である．ここでは次が成り立っているモデルを考える．

$$\sum_{i=1}^{4} e_{ik}^2 \leq \epsilon^2 \quad k = 1, 2, 3$$

ただし，$\epsilon > 0$ は誤差の量を押さえるパラメータである．この ϵ が大きければ大きな誤差を見込むことになる．

　さて，上記の誤差を考慮の上，製品に対しては成分の比率を保証しなければならない．もともとの制約が $\sum_{i=1}^{4} a_{ik} x_i \geq LB_k$ であったとすれば，誤差が含まれた制約は以下のように書ける．

$$\sum_{i=1}^{4} (a_{ik} + e_{ik}) x_i \geq LB_k$$

ここで誤差 e_{ik} は $\sum_{i=1}^{4} e_{ik}^2 \leq \epsilon^2$ を満たすどんな値でも取りうることを考慮し，そのいずれに対しても成分は LB_k 以上なければならないので，ロバスト性に関する制約は次のようになる．

$$\min\left\{ \sum_{i=1}^{4}(a_{ik}+e_{ik})x_i \ : \ \sum_{i=1}^{4} e_{ik}^2 \leq \epsilon^2 \right\} \geq LB_k$$

あるいは誤差 e_{ik} に関連する項だけ左辺にまとめれば，以下のようにも書ける．

$$\min\left\{ \sum_{i=1}^{4} e_{ik}x_i \ : \ \sum_{i=1}^{4} e_{ik}^2 \leq \epsilon^2 \right\} \geq LB_k - \sum_{i=1}^{4} a_{ik}x_i$$

ここで左辺の min を取っているところは 4 次元の半径 ϵ の球上で線形関数 $\sum_{i=1}^{4} e_{ik}x_i$ を最小化している．ただし，変数は e_{ik} である．

　球上での線形関数の最小化問題の最適解は以下となることが知られている．

$$e_{ik} = -\epsilon \frac{x_i}{\|x\|} \quad i=1,2,3,4$$

ただし，$\|x\| = \sqrt{\sum_{i=1}^{4} x_i^2}$ である．よって，

$$\min\left\{ \sum_{i=1}^{4} e_{ik}x_i \ : \ \sum_{i=1}^{4} e_{ik}^2 \leq \epsilon^2 \right\} = -\epsilon \sum_{i=1}^{4} \frac{x_i^2}{\|x\|} = -\epsilon\|x\|$$

となり，結局，以下の 2 次錐制約で表現できる．

$$\epsilon\|x_i\| \leq -LB_k + \sum_{i=1}^{4} a_{ik}x_i$$

まとめると，混合問題のロバスト最適化問題は以下の 2 次錐最適化問題として定式化できる．

$$\begin{aligned}
minimize \quad & \sum_{i=1}^{4} p_i x_i \\
s.t. \quad & \sum_{i=1}^{4} x_i = 1 \\
& \sqrt{\epsilon^2 \sum_{i=1}^{4} x_i^2} \leq -LB_k + \sum_{i=1}^{4} a_{ik}x_i \quad k=1,2,3 \\
& x_i \geq 0 \qquad\qquad\qquad\qquad\quad i=1,2,3,4
\end{aligned}$$

このモデルを使って，誤差の上限 ϵ を 0 から 0.05 まで変えたときの目的関数値の変化を計算してみよう．

```
def prodmix(I, K, a, p, epsilon, LB):
    """prodmix: robust production planning using soco
    Parameters:
        I - set of materials
        K - set of components
```

```
       a[i][k] - coef. matrix
       p[i] - price of material i
       LB[k] - amount needed for k
    Returns a model, ready to be solved.
    """

    model = Model("robust product mix")
    x, rhs = {}, {}
    for i in I:
        x[i] = model.addVar(vtype="C", name=f"x({i})")
    for k in K:
        rhs[k] = model.addVar(vtype="C", name=f"rhs({i})")
    model.update()

    model.addConstr(quicksum(x[i] for i in I) == 1)
    for k in K:
        model.addConstr(rhs[k] == -LB[k] + quicksum(a[i, k] * x[i] for i in I))
        model.addConstr(
            quicksum(epsilon * epsilon * x[i] * x[i] for i in I) <= rhs[k] * rhs[k]
        )

    model.setObjective(quicksum(p[i] * x[i] for i in I), GRB.MINIMIZE)

    model.update()
    model.__data = x, rhs
    return model


def make_data():
    a = {
        (1, 1): 0.25,
        (1, 2): 0.15,
        (1, 3): 0.2,
        (2, 1): 0.3,
        (2, 2): 0.3,
        (2, 3): 0.1,
        (3, 1): 0.15,
        (3, 2): 0.65,
        (3, 3): 0.05,
        (4, 1): 0.1,
        (4, 2): 0.05,
        (4, 3): 0.8,
    }
    epsilon = 0.01
    I, p = multidict({1: 5, 2: 6, 3: 8, 4: 20})
    K, LB = multidict({1: 0.2, 2: 0.3, 3: 0.2})
    return I, K, a, p, epsilon, LB
```

```
I, K, a, p, epsilon, LB = make_data()
```

```
obj_list = []
for i in range(5):
    epsilon = i * 0.01
    model.Params.OutputFlag = 0
    model = prodmix(I, K, a, p, epsilon, LB)
    model.optimize()
    print("obj:", model.ObjVal)
    x, rhs = model.__data
    for i in I:
        print(i, x[i].X)
    obj_list.append(model.ObjVal)
```

```
pd.Series(obj_list).plot()
```

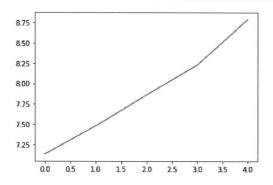

2 最短路問題

- 最短路問題とその変形

2.1 準備

```
import networkx as nx
from networkx import DiGraph
import matplotlib.pyplot as plt
from numpy import array
import numpy as np
from heapq import heappush, heappop
from itertools import count
import requests
import pprint
from heapdict import heapdict
from cspy import BiDirectional
```

関連動画

2.2 最短路問題

　ここで考える最短路問題は多くの応用をもつ基本的なネットワーク最適化問題である.

■2.2.1 （1対1の）最短路問題（shortest path problem）

> n 個の点から構成される点集合 V, m 本の枝から構成される枝集合 E, V および E からなるグラフ $G = (V, E)$, 枝上に定義される非負の費用関数 $c : E \to \mathbf{R}_+$, 始点 $s \in V$ および終点 $t \in V$ が与えられたとき, 始点 s から終点 t までのパスで, パスに含まれる枝の費用の合計が最小のものを求めよ.

最短路問題の目的である「パスに含まれる枝の費用の合計が最小のもの」を**最短路**

（shortest path）とよぶ.

枝 e がパスに含まれるとき 1 になる変数を使うと，最短路問題は以下のように定式化できる.

$$minimize \quad \sum_{e \in E} c_e x_e$$

$$s.t. \quad \sum_{w:wv \in E} x_{wv} - \sum_{w:vw \in E} x_{vw} = \begin{cases} -1 & v = s \\ 0 & \forall v \in V \setminus \{s, t\} \\ 1 & v = t \end{cases}$$

$$x_e \in \{0, 1\} \quad \forall e \in E$$

0-1 変数 x を 0 以上に緩和した線形最適化を解くことによって，整数解が得られることが知られている.

実用的なアルゴリズムとして，**Dijkstra 法**（Dijkstra's method）がある. Dijkstra 法は，最短路問題に対する最も有名なアルゴリズムであり，ほとんどのテキストでは最初にとりあげられるアルゴリズムである.

networkX には様々な最短路アルゴリズムのための関数が準備されているが，単一始点から他のすべての点に対する最短路を求めるものとしては，**dijkstra_predecessor_and_distance** が使いやすい. この関数の引数と返値は，以下の通りである.

引数:

- source: 始点を表すラベル
- cutoff: この値を超える費用をもつパスは探索しない（カットオフする）
- weight: 枝 (u,v) の費用が G.edges[u,v][weight] に格納されていると仮定する

  返値: 以下の 2 つの辞書のタプル

- pred: 点のラベルをキーとし，先行点のリストを値とした辞書
- distance: 点のラベルをキーとし，その点までの最短路の費用を値とした辞書

  networkX を使うと，有向・無向の両方のグラフに対する最短路問題を簡単に解くことができる. 例として，小さな問題例（有向グラフを仮定）で求解してみよう.

```
D = nx.DiGraph()
D.add_weighted_edges_from(
    [("s", 1, 10), ("s", 2, 5), (2, 1, 3), (1, "t", 4), (2, 3, 2), (3, "t", 6)]
)
pred, distance = nx.dijkstra_predecessor_and_distance(D, source="s")
print(pred)
print(distance)
```

```
{'s': [], 1: [2], 2: ['s'], 3: [2], 't': [1]}
{'s': 0, 2: 5, 3: 7, 1: 8, 't': 12}
```

```
edge_labels = {}
pos = nx.kamada_kawai_layout(D)
for (i, j) in D.edges():
    edge_labels[i, j] = f"{ D[i][j]['weight'] }"
nx.draw_networkx_edge_labels(D, pos=pos, edge_labels=edge_labels)
nx.draw(
    D, node_size=300, pos=pos, node_color="y", edge_color="g", width=3, with_labels
    =True
)
plt.show()
```

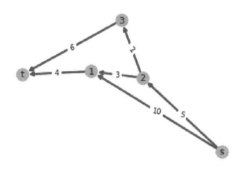

　始点と終点が決まっている場合には，A*探索を使うと（多少は）高速になると言われているが，問題例によっては遅くなる場合もある．

　ランダムな格子グラフで試してみる．$m \times n$ の格子グラフの各枝に，$[lb, ub]$ の一様整数乱数の費用を設定する．端にある点 $(0, 0)$ から $(m-1, n-1)$ までの最短路を，色々なアルゴリズムで求めてみよう．

```
m, n = 1000, 1000
lb, ub = 1, 300
G = nx.grid_2d_graph(m, n)
for (i, j) in G.edges():
    G[i][j]["weight"] = random.randint(lb, ub)
```

```
%%time
pred, distance = nx.dijkstra_predecessor_and_distance(G, source=(0,0))
```

```
CPU times: user 7.6 s, sys: 78 ms, total: 7.67 s
Wall time: 7.67 s
```

標準的な dijkstra_predecessor_and_distance を使うと，1000×1000 の問題例が 8 秒程度で解ける．点 $(m-1, n-1)$ までの最小費用は辞書 distance に格納されている．また，最短路自身は，パスの前の点を保持する辞書 pred に格納されているので，以下のよう

に復元できる．1000 × 1000 は大きすぎるので，10 × 10 で計算してみる．

```python
m, n = 10, 10
lb, ub = 1, 300
G = nx.grid_2d_graph(m, n)
for (i, j) in G.edges():
    G[i][j]["weight"] = random.randint(lb, ub)

pred, distance = nx.dijkstra_predecessor_and_distance(G, source=(0, 0))

print("minimum cost=", distance[m - 1, n - 1])
i = (m - 1, n - 1)
path = []
while i != (0, 0):
    path.append(i)
    i = pred[i][0]
path.reverse()
print("optimal path =", path)
```

```
minimum cost= 1440
optimal path = [(1, 0), (2, 0), (3, 0), (4, 0), (5, 0), (6, 0), (7, 0), (7, 1), (7,↩
 2), (7, 3), (7, 4), (7, 5), (7, 6), (8, 6), (9, 6), (9, 7), (9, 8), (9, 9)]
```

　始点と終点が決まっている場合には，A^* 探索が使える．この場合には，あまり高速化しない．

```python
%%time
path = nx.astar_path(G, (0,0), (m-1,n-1))
```

```
CPU times: user 440 µs, sys: 1 µs, total: 441 µs
Wall time: 443 µs
```

　始点と終点の両方から探索するという関数もあったので試してみる．高速化どころか，5 倍以上の計算時間がかかるので，これは使うべきではない．

```python
%%time
length, path = nx.bidirectional_dijkstra(G,(0,0), (m-1,n-1))
```

```
CPU times: user 294 µs, sys: 2 µs, total: 296 µs
Wall time: 300 µs
```

■2.2.2　1対全の最短路問題

　Dijkstra 法は，1 つの始点から他のすべての点に対する最短路を一度に求めることができる．これは，1 対全の最短路問題とよばれる．

n 個の点から構成される点集合 V, m 本の枝から構成される枝集合 E, V および E からなる有向グラフ $G = (V, E)$, 枝上に定義される非負の費用関数 $c : E \to \mathbf{R}_+$, 始点 $s \in V$ が与えられたとき, 始点 s から他のすべての点までの最小費用のパスを求めよ.

dijkstra_predecessor_and_distance を用いて得られるパスの前の点を保持する辞書 pred は, すべての最短路の情報を保持している. 直前の点 pred[v] から v に有向枝を張ることによって, 始点 s を根にした有向木が得られる. この有向木を**最短路木** (shortest path tree) とよぶ.

10×10 の格子グラフの最短路木 (左下の点が始点) を描画してみる.

```
D = nx.DiGraph()
for i in pred:
    if len(pred[i]) >= 1:
        D.add_edge(pred[i][0], i)
pos = {(i, j): (i, j) for (i, j) in G.nodes()}
plt.figure()
nx.draw(D, pos=pos, width=2, edge_color="b", node_size=10)
plt.show()
```

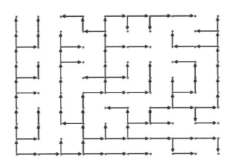

■ 2.2.3 枝の費用が負のものがある場合

Dijkstra 法は効率的な解法であるが, 枝の費用が負の場合には使えない. しかも, 負の閉路があると (そこをくるくる回ると永遠に儲かるので) アルゴリズムが破綻する. そのような場合には Bellman-Ford 法を使う. この解法は, 動的最適化の一種であり, 以下の **Bellman 等式** (Bellman's equation) に基づく.

$$y_w = \min_{v:vw \in E} \{y_v + c_{vw}\} \quad \forall v \in V \setminus \{s\}$$

$$y_s = 0$$

使用する関数は **bellman_ford_predecessor_and_distance** である. どこかに負の閉路

（そこを巡回すると費用はマイナス無限大に発散する）があると，NetworkXUnbounded
例外を発生して終了する．引数として **heuristic** が追加されており，それを **True** に設
定すると，負の閉路がある場合に高速に計算できる．**goldberg_radzik** 関数も同様の
手法であるが，より高速である．

　100×100 の有向格子グラフを生成し，枝の費用を [−100, 100] の一様整数乱数とし
て解いてみる．（有向グラフにしたのは，無向グラフだと負の費用をもつ枝が存在する
だけで，負の閉路になるためである．）

```
m, n = 10, 10
lb, ub = -100, 100
G = nx.grid_2d_graph(m, n)
D = G.to_directed()
for (i, j) in D.edges():
    D[i][j]["weight"] = random.randint(lb, ub)
```

```
%%time
pred, distance ={},{}
try:
    pred, distance = nx.bellman_ford_predecessor_and_distance(D, source=(0,0), ↵
    heuristic=False)
except nx.NetworkXUnbounded as e:
    print(e)
```

```
Negative cost cycle detected.
CPU times: user 1.15 ms, sys: 66 µs, total: 1.21 ms
Wall time: 1.16 ms
```

```
%%time
try:
    pred, distance = nx.goldberg_radzik(D, source=(0,0))
except nx.NetworkXUnbounded as e:
    print(e)
```

```
Negative cost cycle detected.
CPU times: user 297 µs, sys: 51 µs, total: 348 µs
Wall time: 298 µs
```

■ 2.2.4　全対全の最短路
　すべての点間の最短路を出すための専用アルゴリズムもある．
- Johnson のアルゴリズム: グラフ $G = (V, E)$ に対して，$O(|V|^2 \log |V| + |V| \cdot |E|)$ 時間
- Floyd-Warshall アルゴリズム: $O(|V|^3)$ 時間
　これらの方法は，両者とも非常に遅いので，実務には使うべきではない．1 対全の

最短路をすべての点に対して求める方が，まだ速い．以下で述べる前処理を用いた方法も有効である．

```
m, n = 50, 50
lb, ub = 1, 100
G = nx.grid_2d_graph(m, n)
for (i, j) in G.edges():
    G[i][j]["weight"] = random.randint(lb, ub)
```

```
%%time
try:
    paths = nx.johnson(G)
except nx.NetworkXUnbounded as e:
    print(e)
```

```
CPU times: user 41.8 s, sys: 671 ms, total: 42.5 s
Wall time: 43.2 s
```

```
%%time
nx.floyd_warshall_numpy(G)
```

```
CPU times: user 54.9 s, sys: 18.9 s, total: 1min 13s
Wall time: 1min 14s
```

```
array([[0.000e+00, 3.800e+01, 6.200e+01, ..., 2.316e+03, 2.285e+03,
        2.284e+03],
       [3.800e+01, 0.000e+00, 2.400e+01, ..., 2.336e+03, 2.305e+03,
        2.304e+03],
       [6.200e+01, 2.400e+01, 0.000e+00, ..., 2.343e+03, 2.312e+03,
        2.311e+03],
       ...,
       [2.316e+03, 2.336e+03, 2.343e+03, ..., 0.000e+00, 3.100e+01,
        3.200e+01],
       [2.285e+03, 2.305e+03, 2.312e+03, ..., 3.100e+01, 0.000e+00,
        1.000e+00],
       [2.284e+03, 2.304e+03, 2.311e+03, ..., 3.200e+01, 1.000e+00,
        0.000e+00]])
```

■2.3 道路ネットワークの最短路と前処理による高速化

　実際の道路ネットワークでの最短路の計算に，通常の Dijkstra 法を使うことは推奨できない．遠い 2 点間の最短路の計算には，結構な時間がかかるからだ．

　実際には適当な前処理（これには時間がかかる）をしておき，実際の始点と終点が与えられたときには，前処理の情報を用いて超高速に最短路を計算するというテクニッ

クが使われる.

オープンソースの地図である OpenStreetMap に，Highway Hierarchy という前処理法を適用したプログラムとして OSRM http://project-osrm.org/ がある.

Highway Hierarchy における前処理を簡単に解説する.

まず高速ネットワークの階層の概念を導入する．ここで言う高速とは，有料道路のことではなく，遠くの地点に行くときに用いられる疎なネットワークのことである．

始点 s から他の全点に対する最短路を Dijkstra 法によって求める際，優先キューから出される順番を Dijkstra ランクと定義する．点 v の Dijkstra ランクを $r_s(v)$ と記す．始点 s の Dijkstra ランク $r_s(s)$ は 0 であり，s に最も近い点 v の Dijkstra ランク $r_s(v)$ は 1 である．

H 番目の（言い換えれば $H = r_s(v)$ を満たす）点 v への距離以下の点集合を s の H 近傍とよび，$N_H(s)$ と記す．パラメータ H を与えたとき，第 1 階層の高速ネットワーク $G_1 = (V_1, E_1)$ は，オリジナルのグラフ $G = (V, E)$ から以下のように作成する．ある始点 s からある終点 t への最短路に含まれる枝 (v, w) において，$w \notin N_H(s)$ かつ $v \notin N_H(t)$ を満たすものをすべて合わせた集合を E_1 とする．E_1 は遠くの地点間に行くときに使用する枝の集合であり，高速遠路と考えれば良い．

次に，E_1 から構成されるグラフ $G_1 = (V_1, E_1)$ において，点の次数が 2 以上のもの（インターチェンジと考えれば良い）を抽出し，さらに次数 2 の点を除いて，その点に隣接する 2 つの点の間に枝をはる操作を繰り返すことによってを縮約高速ネットワーク G_1' を生成する．上の操作を第 2，第 3 階層と順に繰り返すことによって，多階層の高速ネットワークを得る．

このネットワークを使って，始点 s から終点 t までの最短路を計算する際には，始点 s と終点 t からの両方向探索を行う．また，通常の Dijkstra 法で上の階層に移動できるときには，必ず上の階層を優先して探索することによって，高速に最短路を求めることができる．

この手法を使うと，日本全国の地図で（メモリが十分にあれば）数時間で前処理ができ，地点間の最短路が高速に計算できるようになる．

例として，東京海洋大学から東京駅までの移動距離と移動時間を求めてみる．

requests で OSRM のサーバーにクエリを渡すと，結果が返される．response を JSON 化すると，3675 メートル，324 秒（車で）かかることが分かる．

```
response = requests.get(
    "http://router.project-osrm.org/route/v1/driving/139.792429,35.667864;139.76↵
    8525,35.681010"
)
pprint.pprint(response.json())
```

```
{'code': 'Ok',
 'routes': [{'distance': 3708.6,
            'duration': 344.1,
            'geometry': 'ujuxEaeftY{DxEe@k@}@lAiNeRkC_CgGhQaM`RsC`R{Rxa@wIdZlSl↵
                        KyKt]cAk@e@x@',
            'legs': [{'distance': 3708.6,
                     'duration': 344.1,
                     'steps': [],
                     'summary': '',
                     'weight': 344.1}],
            'weight': 344.1,
            'weight_name': 'routability'}],
 'waypoints': [{'distance': 12.447899,
               'hint': 'g6oLgZiqC4G2AAAAFAAAAAAAAADRAAAAJbyYQjyT_UAAAAAA8ratQrY↵
                       AAAAUAAAAAAAAANEAAAAjVwAAyQ9VCEs_IAItEFUImD8gAgAAAjwgjun↵
                       _8',
               'location': [139.792329, 35.667787],
               'name': ''},
              {'distance': 32.443406,
               'hint': '1tNch____38AAAAAFwAAACUAAAAGAAAAAAAAAIUgGUHOOXJBTx0mQAA↵
                       AAAAXAAAAJQAAAAYAAAAjVwAAF7RUCIByIALNslQI8nIgAgIAzwEjun↵
                       _8',
               'location': [139.768855, 35.680896],
               'name': 'タクシー・一般車降車場(一般車用)'}]}
```

単なる最短路ではなく，与えた複数の座標間の全対全の最短路長と移動時間のテーブルも（高速に）計算できる．

```
response = requests.get(
    "http://router.project-osrm.org/table/v1/driving/13.388860,52.517037;13.3976↵
    34,52.529407;13.428555,52.523219"
    + "?annotations=distance,duration"
)
pprint.pprint(response.json())
```

```
{'code': 'Ok',
 'destinations': [{'distance': 4.231666,
                  'hint': '8wIKgOftmIUXAAAABQAAAAAAAAAgAAAAfXRPQdLNK0AAAAAAsPeP↵
                          QQsAAAADAAAAAAAABAAAABI7QAA_kvMAKlYIQM8TMwArVghAwAA↵
                          7wpmVo2F',
                  'location': [13.388798, 52.517033],
                  'name': 'Friedrichstraße'},
                 {'distance': 2.795167,
                  'hint': 'v-rcgZkeiIcGAAAACgAAAAAAAB3AAAA5JSNQJ0fwkAAAAAAGjmE↵
                          QgYAAAAKAAAAAAAAAHcAAABI7QAAfm7MABiJIQOCbswA_4ghAwAA↵
                          XwVmVo2F',
                  'location': [13.39763, 52.529432],
                  'name': 'Torstraße'},
                 {'distance': 2.226595,
```

```
                'hint': 'ZjAYgP___38fAAAAUQAAACYAAAAeAAAAsowKQkpQX0Lf6yZCvsQG,↵
                        Qh8AAABRAAAAJgAAAB4AAABI7QAASufMAOdwIQNL58wA03AhAwMA,↵
                        vxBmVo2F',
                'location': [13.428554, 52.523239],
                'name': 'Platz der Vereinten Nationen'}],
'distances': [[0, 1886.7, 3802.9], [1903, 0, 2845.9], [3279.9, 2292.9, 0]],
'durations': [[0, 255.4, 386.1], [262.3, 0, 365.5], [354.4, 301.3, 0]],
'sources': [{'distance': 4.231666,
             'hint': '8wIKgOftmIUXAAAABQAAAAAAAAgAAAAfXRPQdLNK0AAAAAAsPePQQsAA,↵
                      AADAAAAAAAAABAAAABI7QAA_kvMAKlYIQM8TMwArVghAwAA7wpmVo2F',
             'location': [13.388798, 52.517033],
             'name': 'Friedrichstraße'},
            {'distance': 2.795167,
             'hint': 'v-rcgZkeiIcGAAAACgAAAAAAAB3AAAA5JSNQJ0fwkAAAAAAGjmEQgYAA,↵
                      AAKAAAAAAAAAHcAAABI7QAAfm7MABiJIQOCbswA_4ghAwAAXwVmVo2F',
             'location': [13.39763, 52.529432],
             'name': 'Torstraße'},
            {'distance': 2.226595,
             'hint': 'ZjAYgP___38fAAAAUQAAACYAAAAeAAAAsowKQkpQX0Lf6yZCvsQGQh8AA,↵
                      ABRAAAAJgAAAB4AAABI7QAASufMAOdwIQNL58wA03AhAwMAvxBmVo2F',
             'location': [13.428554, 52.523239],
             'name': 'Platz der Vereinten Nationen'}]}
```

2.4 ベンチマーク問題例の読み込みと Dial 法

最短路問題のベンチマーク問題例（道路ネットワーク）が，以下のサイトで入手できる．

http://users.diag.uniroma1.it/challenge9/download.shtml

以下の関数を用いてデータを読み込んで，道路ネットワークに強い Dial 法を実装して解いてみる．

```python
def ReadDimacs(filename):
    """Read the data from DIMACS shortest path format
    that can be downloaded from DIMACS site"""

    f = open(filename + ".co", "r")
    f2 = open(filename + ".gr", "r")

    # read data from file
    line = f.readline()
    x_cord = []
    y_cord = []
    G = nx.Graph()
    G.position = {}

    while line.find("v 1") == -1:
```

```python
        line = f.readline()

(dum, i, x, y) = line.split()
x_cord.append(float(x))
y_cord.append(float(y))

while 1:
    line = f.readline()
    if line.find("v") == 0:
        (dum, i, x, y) = line.split()
        x_cord.append(float(x))
        y_cord.append(float(y))
    else:
        break

# edge info
edge_info = []
line = f2.readline()

for i in range(6):
    line = f2.readline()

while 1:
    line = f2.readline()
    if line.find("a") == 0:
        (dum, i, j, length) = line.split()
        edge_info.append((int(i) - 1, int(j) - 1, int(length)))
    else:
        break

minx = float(min(x_cord))
maxx = float(max(x_cord))
xwidth = maxx - minx + 1

miny = float(min(y_cord))
maxy = float(max(y_cord))
ywidth = maxy - miny + 1

# add nodes after scaling coordinates
n = len(x_cord)
for i in range(n):
    G.add_node(i)
    x = (x_cord[i] - minx) / xwidth
    y = (y_cord[i] - miny) / ywidth
    G.position[i] = (x, y)

print("number of nodes=", n)

# add edges
m = len(edge_info)
```

```
    C = 0
    for (i, j, length) in edge_info:
        G.add_edge(i, j, weight=length)
        if C < length:
            C = length
    C += 1

    print("number of edges=", m)

    f.close()
    f2.close()

    return G, n, m, C
```

```
def DialSub(n, G, settled, reached, dist, prev, C, source, sink):
    """Dial method subroutine"""
    circular = [[-1] for i in range(C)]  # -1 represents the list is empty
    circular[0].append(source)
    reached[source] = 1
    prev[source] = -1
    current = 0
    while 1:
        first = current
        while 1:
            v = circular[current][-1]  # v is the node with minimum potential
            if v >= 0:
                break
            # the current list is empty, so we increment it
            current += 1
            current = current % C
            if current == first:
                # the circular list is empty, so we quit
                v = -1
                break

        if v == -1:  # the circular list is empty, so we quit
            break
        circular[current].pop()
        settled[v] = 1
        if v == sink:
            break

        for w in G.neighbors(v):  # scan operation
            if settled[w] == 0:
                temp = dist[v] + G[v][w]["weight"]
                if reached[w] == 0:  # w is not in the circular list
                    reached[w] = 1
                    dist[w] = temp
                    prev[w] = v
```

```
                        circular[temp % C].append(w)
            else:  # w is in the circular list
                if temp < dist[w]:
                    circular[dist[w] % C].remove(w)
                    circular[temp % C].append(w)
                    dist[w] = temp
                    prev[w] = v
```

```
filename = "USA-road-d.NY"
G, n, m, C = ReadDimacs(filename)
print("number of nodes in the largest connected componet=", n, "max length+1=", C)

source = 0
sink = 50000  # if sink =-1 then find all shortest paths from source to other nodes

settled = np.zeros(
    n, np.int0
)  # =1 if node is settled (or has an eternal label or is scanned)
reached = np.zeros(n, np.int0)  # =1 if node is heap or list (or has a finite ↩
    potential)
dist = np.zeros(n, np.int0)
prev = np.zeros(n, np.int0)

settled = [0 for i in range(n)]
reached = [0 for i in range(n)]
dist = [0 for i in range(n)]
prev = [0 for i in range(n)]
```

```
number of nodes= 264346
number of edges= 733846
number of nodes in the largest connected componet= 264346 max length+1= 36947
```

```
%%time
DialSub(n,G,settled,reached,dist,prev,C,source,sink)
```

```
CPU times: user 736 ms, sys: 4.54 ms, total: 740 ms
Wall time: 739 ms
```

```
%%time
length=nx.dijkstra_path_length(G,source,sink)
dist[50000], length
```

```
CPU times: user 550 ms, sys: 9.18 ms, total: 559 ms
Wall time: 558 ms
```

```
(801036, 801036)
```

networkX のパス長だけを算出する関数 dijkstra_path_length を用いた方が多少速い．以
下で，結果を描画する．

```python
path = [sink]
w = sink
while 1:
    v = prev[w]
    path.append(v)
    if v == source:
        break
    w = v
path.reverse()
print("Path Length=", dist[sink])
print("Optimal Path", path)
G.clear()
nx.draw(
    G,
    G.position,
    node_size=1000 / n,
    with_labels=None,
    width=1,
    node_color="b",
    edge_color="g",
)
nx.add_path(G, path)
nx.draw(
    G,
    G.position,
    node_size=1000 / n,
    with_labels=None,
    width=3,
    node_color="b",
    edge_color="r",
)
```

```
Path Length= 801036
Optimal Path [0, 1362, 1357, 1356, 1355, 1275, 1272, 1276, 1268, 1266, 1267, 1283, ↵
1282, 1281, 1254, 1252, 1259, 1258, ...(中略)... 50097, 50096, 50095, 50233, 50232,↵
 50231, 50074, 50072, 50073, 50070, 50066, 50065, 50042, 50036, 50038, 50037, ↵
50028, 50025, 50002, 50000]
```

■ 2.4.1 最短路ヒープの比較

networkX では，decrease-key を用いない通常のヒープのデータ構造を利用している．以下では，decrease-key が実装されている heapdict モジュールを利用したものと比較する．

- networkX の実装（heap のみ）
- heapdict を用いた実装

以下の heapdict パッケージを用いる．

`https://github.com/DanielStutzbach/heapdict`

```
%%time
source=0
target =50000 #if sink =-1 then find all shortest paths from source to other nodes
weight='weight'
get_weight = lambda u, v, data: data.get(weight, 1)
G_succ = G.succ if G.is_directed() else G.adj
pred = {source: []}
paths={source: [source]}

push = heappush
pop = heappop
dist = {}  # dictionary of final distances
seen = {source: 0}
c = count()
fringe = []  # use heapq with (distance,label) tuples
push(fringe, (0, next(c), source))
while fringe:
    (d, _, v) = pop(fringe)
    if v in dist:
        continue  # already searched this node.
    dist[v] = d
    if v == target:
        break
```

```
    for u, e in G_succ[v].items():
        cost = get_weight(v, u, e)
        if cost is None:
            continue
        vu_dist = dist[v] + get_weight(v, u, e)
        if u in dist:
            if vu_dist < dist[u]:
                raise ValueError('Contradictory paths found:',
                                 'negative weights?')
        elif u not in seen or vu_dist < seen[u]:
            seen[u] = vu_dist
            push(fringe, (vu_dist, next(c), u))
            if paths is not None:
                paths[u] = paths[v] + [u]
            if pred is not None:
                pred[u] = [v]
        elif vu_dist == seen[u]:
            if pred is not None:
                pred[u].append(v)
dist[50000]
```

```
CPU times: user 4.43 ms, sys: 371 µs, total: 4.8 ms
Wall time: 4.79 ms
```

678

```
%%time
source=0
target =50000 #if sink =-1 then find all shortest paths from source to other nodes
weight='weight'
get_weight = lambda u, v, data: data.get(weight, 1)
G_succ = G.succ if G.is_directed() else G.adj
pred = {source: []}
paths={source: [source]}

dist = {} # dictionary of final distances
hd = heapdict()
seen = {source: 0}
c = count()
hd[source] = 0
dist
while hd:
    (v, d) = hd.popitem()
    # decrease-keyの場合には以下が不要
    #if v in dist:
    #    continue # already searched this node.
    dist[v] = d
    if v == target:
```

```
        break

    for u, e in G_succ[v].items():
        cost = get_weight(v, u, e)
        if cost is None:
            continue
        vu_dist = dist[v] + get_weight(v, u, e)
        if u in dist:
            if vu_dist < dist[u]:
                raise ValueError('Contradictory paths found:',
                                 'negative weights?')
        elif u not in seen or vu_dist < seen[u]:
            seen[u] = vu_dist
            #push(fringe, (vu_dist, next(c), u))
            hd[u] = vu_dist
            if paths is not None:
                paths[u] = paths[v] + [u]
            if pred is not None:
                pred[u] = [v]
        elif vu_dist == seen[u]:
            if pred is not None:
                pred[u].append(v)
dist[50000]
```

```
CPU times: user 5.61 ms, sys: 389 µs, total: 6 ms
Wall time: 6.03 ms
```

678

2.5 時刻依存の移動時間をもつ最短路問題

　道路ネットワークに対する最短路（最短時間路）を求めたい場合には，道路の混雑などで移動時間が時刻によって変化する場合がある．ここでは，そのような拡張が簡単に解けることを示す．

　地点 i, j 間の移動時間が時刻 t によって $c_{ij}(t)$ という関数で与えられている場合を考える．

　任意の 2 つの時刻 $t \leq t'$ に対して，$t + c_{ij} \leq t' + c_{ij}(t')$ が成立するとき，移動時間は**先入れ・先出し**（First In First Out: FIFO）であるとよばれる．

　点の上で「待つ」ことを許す場合には，FIFO になるように移動時間を変形できる．待ちを許さない場合には，NP-困難になる．

　FIFO の場合には，通常の Dijkstra 法において，枝の移動時間を計算する部分を，到着時刻関数に変更するだけで動作する．

■2.5.1　区間，速度，距離から到着時刻関数を生成する関数 arrival_func

到着時刻関数は，区分的な線形関数になる．以下に，時速が変化する区間のリスト interval，速度のリスト velocity と距離 distance を与えると，新しい区間のリスト，y-切片のリスト，傾きのリストのタプルを返す関数を準備しておく．

```python
def arrival_func(interval, velocity, distance):
    n = len(interval)
    b = []  # 到着時刻関数が (interval,b) を通過
    a = []  # 到着時刻関数の傾き
    for i, t in enumerate(interval):
        # 待ちなしの場合
        b.append(interval[i] + distance / velocity[i])  # start time + travel time
        a.append(1)
    # 待ちを表す区間の追加
    new_interval, new_b, new_a = [interval[n - 1]], [b[n - 1]], [a[n - 1]]
    i = n - 1
    while True:
        for j in range(i - 1, -1, -1):
            T = b[i] - b[j]
            # print(i,j,T)
            if T < 0:  # iの到着時刻がjの到着時刻より小さいので，次のjへ
                if j == 0:  # 区間[0,1]の場合だけ待ちに変換
                    new_interval.append(interval[j])
                    new_b.append(b[i])
                    new_a.append(0)
                continue
            if T == 0:  # [j,i]を待ちに変換
                # 待ちを表す傾き0の区間を追加
                new_interval.append(interval[j])
                new_b.append(b[i])
                new_a.append(0)
            elif T < interval[i] - interval[j]:  # 区間[j,j+1]で待ちをする
                # 待ちを表す傾き0の区間を追加
                new_interval.append(interval[j] + T)
                new_b.append(b[i])
                new_a.append(0)
                # jで出発する区間を追加
                new_interval.append(interval[j])
                new_b.append(b[j])
                new_a.append(1)
                break
            else:  # 区間jをそのまま追加
                new_interval.append(interval[j])
                new_b.append(b[j])
                new_a.append(1)
                break
        # print("j=",j , new_interval)
        i = j
        if i == 0:
```

```
        break
    new_interval.reverse()
    new_b.reverse()
    new_a.reverse()
    return new_interval, new_b, new_a
```

```
interval = [0, 4, 8, 10]  # time interval
v = [10, 20, 30, 20]  # velocity
distance = 10
interval, b, a = arrival_func(interval, v, distance)
print(interval, b, a)
```

```
[0, 3.5, 4, 7.833333333333334, 8, 10] [1.0, 4.5, 4.5, 8.333333333333334, ↵
8.333333333333334, 10.5] [1, 0, 1, 0, 1, 1]
```

■2.5.2 到着時刻関数 arrival

上の区分的線形関数の情報 interval, b, a を用いると，時刻 t に出発したときの到着時刻を返す関数は，以下のように記述できる．

```
def arrival(t, interval, b, a):
    for i in range(len(interval) - 1):
        if t >= interval[i] and t < interval[i + 1]:
            return b[i] + a[i] * (t - interval[i])
    else:  # 最後の区間以降の時刻
        return b[-1] + a[-1] + (t - interval[-1])
```

```
for t in range(interval[-1] + 5):
    print(t, arrival(t, interval, b, a))
```

```
0 1.0
1 2.0
2 3.0
3 4.0
4 4.5
5 5.5
6 6.5
7 7.5
8 8.333333333333334
9 9.333333333333334
10 11.5
11 12.5
12 13.5
13 14.5
14 15.5
```

■2.5.3 区分的線形な到着時刻関数をプロットする関数 plot_arrival

到着時刻関数をプロットする関数を以下に示す.

```
def plot_arrival(interval, b, a):
    plt.figure()
    x = [t for t in range(interval[-1] + 5)]
    y = [arrival(t, interval, b, a) for t in range(interval[-1] + 5)]
    plt.plot(x, y)
    return plt
```

```
plot_arrival(interval, b, a)
```

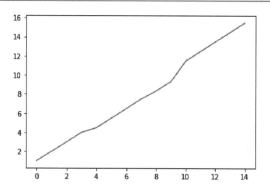

```
G = nx.Graph()
G.add_weighted_edges_from(
    [("s", 1, 50), ("s", 2, 30), (2, 1, 20), (1, "t", 80), (2, 3, 50), (3, "t", ↵
    60)]
)
interval = [0, 2, 4, 7]  # time interval
velocity = [16, 20, 35, 20]  # velocity
for (i, j) in G.edges():
    G[i][j]["piecewise"] = arrival_func(interval, velocity, distance=G[i][j]["↵
    weight"])
```

```
for (i, j) in G.edges:
    interval, b, a = G[i][j]["piecewise"]
    plot_arrival(interval, b, a)
```

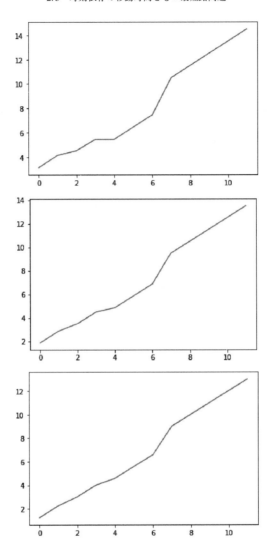

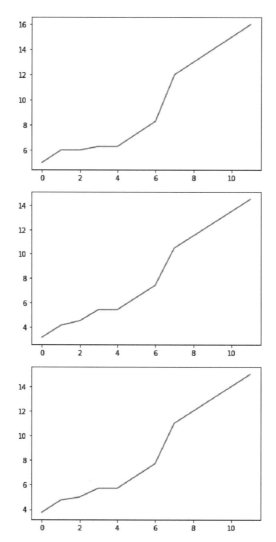

上で準備した例題に対して，FIFO を仮定した時刻依存最短路問題を解く．

```
source = "s"
target = "t"
G_succ = G.succ if G.is_directed() else G.adj
pred = {source: []}
paths = {source: [source]}

push = heappush
pop = heappop
```

```
dist = {}  # dictionary of final distances
seen = {source: 0}
c = count()
fringe = []  # use heapq with (distance,label) tuples
push(fringe, (0, next(c), source))
while fringe:
    (d, _, v) = pop(fringe)
    if v in dist:
        continue  # already searched this node.
    dist[v] = d
    if v == target:
        break

    for u, e in G_succ[v].items():
        interval, b, a = G[v][u]["piecewise"]
        vu_dist = arrival(dist[v], interval, b, a)
        if u in dist:
            if vu_dist < dist[u]:
                raise ValueError("Contradictory paths found:", "negative weights?")
        elif u not in seen or vu_dist < seen[u]:
            seen[u] = vu_dist
            push(fringe, (vu_dist, next(c), u))
            if paths is not None:
                paths[u] = paths[v] + [u]
            if pred is not None:
                pred[u] = [v]
        elif vu_dist == seen[u]:
            if pred is not None:
                pred[u].append(v)
print(pred)
print(dist)
```

```
{'s': [], 1: [2], 2: ['s'], 3: [2], 't': [3]}
{'s': 0, 2: 1.875, 1: 3.0, 3: 4.5, 't': 6.214285714285714}
```

2.6 資源制約付き最短路問題

　ここでは，運搬車スジューリング問題や乗務員スケジューリング問題を列生成法を用いて解く際の子問題としてあらわれる資源制約付き最短路問題について考える．列生成法では，主問題で線形最適化問題を解き，子問題では主問題の最適双対変数の情報を点の価値とみなした制約付きのパスを求める必要がある．資源制約付き最短路問題は，付加制約を一般化した資源としてモデル化し，価値を負の費用として最短路を求める．

　資源制約付き最短路問題（resource constrained shortest path problem）とは，以下の

仮定をもつ問題である.

- 始点から終点までのパスを求める. これは人や運搬車の経路を抽象化したものである. 実際には,初等パス（同じ枝を 2 度以上通過しないパス）である必要があるが,この条件を外した（すなわち,同じ枝を 2 度以上通過することを許した）パスを考える場合もある.

- 資源の集合 R が与えられており,終点における資源量 r の下限 RLB_r と上限 RUB_r が与えられている. これは,時刻,重量,容量などに関する諸制約を抽象化したものである.

- 枝 (i, j) をパスが通過した際には,資源 r が t_{ij}^r だけ増加するものとする. 荷物の積み降ろしなどで重量や容量が減少する場合や,タスクを処理することによる利益を扱う場合には,対応する t_{ij}^r を負の値に設定すれば良い.

基本モデルにおいては,点 i から点 j に移動したとき,資源 r の量は定数 t_{ij}^r だけ大きくなると仮定する. すなわち,点 i における資源 r の量を T_i^r としたとき,点 i から点 j への移動の際には,以下の関係が成り立つ.

$$T_j^r = T_i^r + t_{ij}^r$$

しかし実際には,点 i における幾つかの資源の量に依存して点 j における資源量が決められる場合がある. ここでは,点 i における資源量を表すベクトル T_i を入力したときに点 j における資源 r の量を返す関数**資源拡張関数** (resource extension function) $f_{ij}^r : \mathbf{R}^{|R|} \to \mathbf{R}$ を導入することによってモデルの一般化を行う.

資源拡張関数は,以下の 2 つの条件を満たす必要がある.

- 最初の資源は単調増加（たとえば使用した枝の本数）
- 逆写像が計算可能

以下の cspy パッケージを用いる.

https://github.com/torressa/cspy

使用法は以下の通り.

- 入力グラフは networkX の有向グラフ DiGraph のインスタンスとする.
- 入力グラフは,資源数を表す n_res 属性（グラフの生成時に指定する）をもたなければならない.
- 入力グラフは,単一の始点 'Source' と終点 'Sink' をもたなければならない.
- 枝上の属性に t_{ij}^r を表す NumPy の配列型 res_cost と枝の費用を表す特別な資源を表す weight の属性をもたなければならない.
- 最適化は様々なクラスで行われるが,クラスを生成する際に,終点における資源の上限を表すリスト max_res と下限を表すリスト min_res を設定する.

使用できる最適化手法のクラスは，以下の通り．

- BiDirectional: 双方向型の厳密解法
- Tabu: タブーサーチ
- GreedyElim: 貪欲削減法
- GRASP: 貪欲ランダム化適応型探索法（greedy randomized adaptive search procedure）
- PSOLGENT: 蟻コロニー法の亜種（particle swarm optimization with combined local and global expanding neighbourhood topology: PSOLGENT）

　使用法は，クラスを生成（elementary を True にすると初等パスを探索）し，run メソッドで求解する．パスは path 属性，総費用は total_cost 属性，使用した資源量は comsumed_resources 属性で得ることができる．

```python
max_res, min_res = [4, 20], [1, 0]
G = DiGraph(directed=True, n_res=2)
G.add_edge("Source", "A", res_cost=[1, 2], weight=0)
G.add_edge("A", "B", res_cost=[1, 0.3], weight=0)
G.add_edge("A", "C", res_cost=[1, 0.1], weight=0)
G.add_edge("B", "C", res_cost=[1, 3], weight=-10)
G.add_edge("B", "Sink", res_cost=[1, 2], weight=10)
G.add_edge("C", "Sink", res_cost=[1, 10], weight=0)
for (i, j) in G.edges():
    G[i][j]["res_cost"] = np.array(G[i][j]["res_cost"])

bidirec = BiDirectional(G, max_res, min_res, elementary=True)

bidirec.run()
print("Path=", bidirec.path)
print("Cost=", bidirec.total_cost)
print("Resource=",bidirec.consumed_resources)
```

```
Path= ['Source', 'A', 'B', 'C', 'Sink']
Cost= -10
Resource= [ 4.   15.3]
```

```python
nx.draw(G, with_labels=True, node_color="y")
```

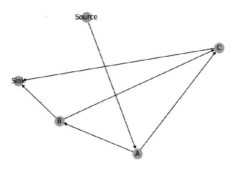

3 最短路の列挙

- 第 k 最短路と Graphillion による無向グラフの列挙と多目的最短路

3.1 準備

```
import networkx as nx
import matplotlib.pyplot as plt
import random
import math
from itertools import islice
from graphillion import GraphSet
```

関連動画

3.2 第 k 最短路

networkX に Yen の第 k 最短路のアルゴリズムが含まれている．これは，最短路を短い（費用の小さい）順に列挙してくれる．

例として，格子グラフにランダムな枝長を与えたグラフに対して，第 10 番目までの最短路を列挙し，10 番目に短いパスを図示する．

```
n = 5
G = nx.grid_2d_graph(n, n)
pos = {(i, j): (i, j) for (i, j) in G.nodes()}
for (i, j) in G.edges():
    G[i][j]["weight"] = random.randint(1, 10)
```

```
def path_length(G, path):
    _sum = 0
    i = path[0]
    for count in range(1, len(path)):
        j = path[count]
```

```
        _sum += G[i][j]["weight"]
        i = j
    return _sum


k = 10
for path in islice(
    nx.shortest_simple_paths(G, source=(0, 0), target=(n - 1, n - 1), weight="↵
    weight"),
    k,
):
    print(path, path_length(G, path))
```

```
[(0, 0), (1, 0), (1, 1), (1, 2), (2, 2), (3, 2), (3, 3), (3, 4), (4, 4)] 28
[(0, 0), (0, 1), (1, 1), (1, 2), (2, 2), (3, 2), (3, 3), (3, 4), (4, 4)] 29
[(0, 0), (1, 0), (1, 1), (2, 1), (2, 2), (3, 2), (3, 3), (3, 4), (4, 4)] 29
[(0, 0), (0, 1), (1, 1), (2, 1), (2, 2), (3, 2), (3, 3), (3, 4), (4, 4)] 30
[(0, 0), (1, 0), (2, 0), (2, 1), (2, 2), (3, 2), (3, 3), (3, 4), (4, 4)] 32
[(0, 0), (1, 0), (2, 0), (2, 1), (1, 1), (1, 2), (2, 2), (3, 2), (3, 3), (3, 4), ↵
(4, 4)] 33
[(0, 0), (1, 0), (1, 1), (1, 2), (2, 2), (3, 2), (4, 2), (4, 3), (4, 4)] 34
[(0, 0), (0, 1), (1, 1), (1, 2), (2, 2), (3, 2), (4, 2), (4, 3), (4, 4)] 35
[(0, 0), (1, 0), (1, 1), (2, 1), (2, 2), (3, 2), (4, 2), (4, 3), (4, 4)] 35
[(0, 0), (1, 0), (1, 1), (1, 2), (2, 2), (3, 2), (3, 3), (4, 3), (4, 4)] 36
```

```
edge_list = []
i = path[0]
for count in range(1, len(path)):
    j = path[count]
    edge_list.append((i, j))
    i = j
plt.figure()
nx.draw(G, pos=pos, with_labels=False, node_size=100)
nx.draw(
    G,
    pos=pos,
    with_labels=False,
    node_size=100,
    edgelist=edge_list,
    edge_color="red",
    width=10,
    alpha=0.3,
)
nx.draw_networkx_edge_labels(G, pos, edge_labels=edge_labels)
plt.show()
```

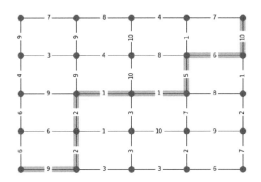

3.3 無向パス（閉路，森など）の列挙

Graphillion を使うと，無向部分グラフの列挙ができる．パスだけでなく，閉路，木，森，クリーク（完全部分グラフ）なども列挙できる．

Graphillion についての詳細は，以下のサイトを参照されたい．

https://github.com/takemaru/graphillion

例として，上と同様の格子グラフにランダムな枝長を与えたグラフに対して，「すべて」のパスを数え上げる．パスの総数は 8512 であることが分かる．

```
random.seed(1)
n = 5
G = nx.grid_2d_graph(n, n)
pos = {(i, j): (i, j) for (i, j) in G.nodes()}
weight = {}
for (i, j) in G.edges():
    weight[i, j] = random.randint(1, 10)

GraphSet.set_universe(G.edges())
paths = GraphSet.paths(terminal1=(0, 0), terminal2=(n - 1, n - 1))
len(paths)  # パスの総数
```

8512

■ 3.3.1 （最短）パスの列挙

得られた paths オブジェクトの min_iter メソッドでパス長の短い順に列挙できる．引数として，枝上に定義された重みを返す辞書を与え，10 番目のパスまでを列挙し，10 番目のパスを図示する．

```
count = 0
for p in paths.min_iter(weight):
    count += 1
    if count >= 10:
        break
    print(p)
```

```
[((0, 0), (1, 0)), ((1, 0), (2, 0)), ((2, 0), (2, 1)), ((2, 1), (2, 2)), ((2, 2), ↩
(2, 3)), ((2, 3), (3, 3)), ((3, 3), (4, 3)), ((4, 3), (4, 4))]
[((0, 0), (1, 0)), ((1, 0), (1, 1)), ((1, 1), (1, 2)), ((1, 2), (2, 2)), ((2, 2), ↩
(2, 3)), ((2, 3), (3, 3)), ((3, 3), (4, 3)), ((4, 3), (4, 4))]
[((0, 0), (1, 0)), ((1, 0), (1, 1)), ((1, 1), (2, 1)), ((2, 1), (2, 2)), ((2, 2), ↩
(2, 3)), ((2, 3), (3, 3)), ((3, 3), (4, 3)), ((4, 3), (4, 4))]
[((0, 0), (1, 0)), ((1, 0), (2, 0)), ((2, 0), (2, 1)), ((2, 1), (2, 2)), ((2, 2), ↩
(3, 2)), ((3, 2), (4, 2)), ((4, 2), (4, 3)), ((4, 3), (4, 4))]
[((0, 0), (1, 0)), ((1, 0), (1, 1)), ((1, 1), (1, 2)), ((1, 2), (2, 2)), ((2, 2), ↩
(3, 2)), ((3, 2), (4, 2)), ((4, 2), (4, 3)), ((4, 3), (4, 4))]
[((0, 0), (0, 1)), ((0, 1), (1, 1)), ((1, 1), (1, 2)), ((1, 2), (2, 2)), ((2, 2), ↩
(2, 3)), ((2, 3), (3, 3)), ((3, 3), (4, 3)), ((4, 3), (4, 4))]
[((0, 0), (1, 0)), ((1, 0), (2, 0)), ((2, 0), (2, 1)), ((2, 1), (2, 2)), ((2, 2), ↩
(2, 3)), ((2, 3), (3, 3)), ((3, 3), (3, 4)), ((3, 4), (4, 4))]
[((0, 0), (1, 0)), ((1, 0), (1, 1)), ((1, 1), (1, 2)), ((1, 2), (2, 2)), ((2, 2), ↩
(2, 3)), ((2, 3), (3, 3)), ((3, 3), (3, 4)), ((3, 4), (4, 4))]
[((0, 0), (1, 0)), ((0, 1), (0, 2)), ((0, 1), (1, 1)), ((0, 2), (1, 2)), ((1, 0), ↩
(1, 1)), ((1, 2), (2, 2)), ((2, 2), (2, 3)), ((2, 3), (3, 3)), ((3, 3), (4, 3)), ↩
((4, 3), (4, 4))]
```

```
plt.figure()
nx.draw(G, pos=pos, with_labels=False, node_size=100)
nx.draw(
    G,
    pos=pos,
    with_labels=False,
    node_size=100,
    edgelist=p,
    edge_color="red",
    width=10,
    alpha=0.3,
)
nx.draw_networkx_edge_labels(G, pos, edge_labels=weight)
plt.show()
```

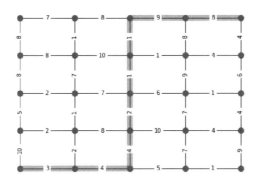

■ 3.3.2 最長パスの列挙（最長路問題）

　max_iter メソッドを使うと，反復を短い順ではなく長い順にすることもできる．こ
れを使うと**最長路問題**（longest path problem）を解くことができる．この問題は NP-困
難であるが，グラフが疎な場合には，列挙によって求めることができる．例として，
格子グラフに対する最長路を求めてみる．

```
count = 0
for p in paths.max_iter(weight):
    count += 1
    if count >= 2:
        break
    print(p)
```

```
[((0, 0), (0, 1)), ((0, 1), (0, 2)), ((0, 2), (0, 3)), ((0, 3), (0, 4)), ((0, 4), ↵
(1, 4)), ((1, 0), (1, 1)), ((1, 0), (2, 0)), ((1, 1), (2, 1)), ((1, 2), (1, 3)), ↵
((1, 2), (2, 2)), ((1, 3), (2, 3)), ((1, 4), (2, 4)), ((2, 0), (3, 0)), ((2, 1), ↵
(3, 1)), ((2, 2), (3, 2)), ((2, 3), (3, 3)), ((2, 4), (3, 4)), ((3, 0), (4, 0)), ↵
((3, 1), (3, 2)), ((3, 3), (3, 4)), ((4, 0), (4, 1)), ((4, 1), (4, 2)), ((4, 2), ↵
(4, 3)), ((4, 3), (4, 4))]
```

```
plt.figure()
nx.draw(G, pos=pos, with_labels=False, node_size=100)
nx.draw(
    G,
    pos=pos,
    with_labels=False,
    node_size=100,
    edgelist=p,
    edge_color="red",
    width=10,
    alpha=0.3,
)
nx.draw_networkx_edge_labels(G, pos, edge_labels=weight)
```

```
plt.show()
```

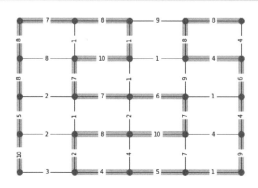

■ 3.3.3 閉路の列挙

Graphillion を使うと，パスだけでなく閉路も列挙できる．例として，平面上に 10 個の点を配置し，直線距離の長さをもつグラフを考える．

点 0 はデポ（トラックの初期位置）であり，4 件の顧客（他の点）を巡回して再びデポに戻る閉路を列挙し，そこから choice メソッドでランダムに 1 つの閉路を選んで描画する．

```python
def distance(x1, y1, x2, y2):
    """distance: euclidean distance between (x1,y1) and (x2,y2)"""
    return math.sqrt((x2 - x1) ** 2 + (y2 - y1) ** 2)

n = 10
x = dict([(i, 100 * random.random()) for i in range(n)])
y = dict([(i, 100 * random.random()) for i in range(n)])
G = nx.Graph()
c = {}
pos = {}
for i in range(n):
    pos[i] = x[i], y[i]
    for j in range(n):
        if j > i:
            c[i, j] = distance(x[i], y[i], x[j], y[j])
            G.add_edge(i, j, weight=c[i, j])
```

```
edges = list(G.edges())
GraphSet.set_universe(edges)

cycles = GraphSet.cycles()
gs = cycles.graph_size(4)
gs2 = gs.including(0)   # include depot
cycle = gs2.choice()
nx.draw(G, pos=pos, with_labels=True, node_color="y")
nx.draw_networkx_edges(G, pos=pos, edgelist=cycle, edge_color="orange", width=5);
```

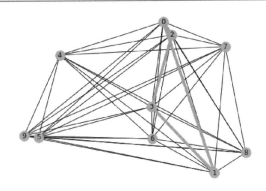

■3.3.4 Hamilton 閉路の列挙

cycles の引数 is_hamilton を True にすることによって，すべての点をちょうど 1 回
ずつ通過する閉路（Hamilton 閉路）を列挙できる．Hamilton 閉路は，全部で 181440
あることが分かる．また，最も移動距離の短い Hamilton 閉路を描画する．これは，巡
回セールスマン問題の最適解になる．

```
cycles = GraphSet.cycles(is_hamilton=True)
print(len(cycles))
for p in cycles.min_iter(c):
    hamilton_cycle = p
    break
nx.draw(G, pos=pos, with_labels=True, node_color="y")
nx.draw_networkx_edges(
    G, pos=pos, edgelist=hamilton_cycle, edge_color="orange", width=5
);
```

181440

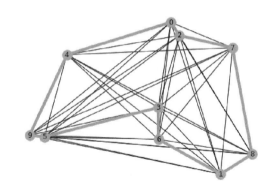

3.4 多目的最短路問題

　費用と時間の 2 つの重みをもつグラフに対して，意思決定者にとって便利な複数の
パスを示す問題を考える．これは，多目的最適化問題になる．

　まず，多目的最適化の基礎と用語について述べる．

　以下に定義される m 個の目的をもつ多目的最適化問題を対象とする．

　解の集合 X ならびに X から m 次元の実数ベクトル全体への写像 $f : X \to \mathbf{R}^m$ が与
えられている．ベクトル f を目的関数ベクトルとよび，その第 i 要素を f_i と書く．こ
こでは，ベクトル f を「何らかの意味」で最小にする解（の集合）を求めることを目
的とする．

　2 つの目的関数ベクトル $f, g \in \mathbf{R}^m$ に対して，f と g が同じでなく，かつベクトル
のすべての要素に対して f の要素が g の要素以下であるとき，ベクトル f がベクトル
g に優越しているとよび，$f < g$ と記す．

　すなわち，順序 $<$ を以下のように定義する．

$$f < g \Leftrightarrow f \neq g, f_i \leq g_i \quad \forall i$$

たとえば，2 つのベクトル $f = (2, 5, 4)$ と $g = (2, 6, 8)$ に対しては，第 1 要素は同じで
あるが，第 2,3 要素に対しては g の方が大きいので $f < g$ である．

　2 つの解 x, y に対して，$f(x) < f(y)$ のとき，解 x は解 y に優越しているとよぶ．以
下の条件を満たすとき，x は**非劣解**（nondominated solution）もしくは **Pareto 最適解**
（Pareto optimal solution）とよばれる．

$$f(y) < f(x) を満たす解 y \in X は存在しない$$

多目的最適化問題の目的は，すべての非劣解（Pareto 最適解）の集合を求めることで

ある．非劣解の集合から構成される境界は，金融工学における株の構成比を決める問題（ポートフォリオ理論）では**有効フロンティア**（efficient frontier）とよばれる．ポートフォリオ理論のように目的関数が凸関数である場合には，有効フロンティアは凸関数になるが，一般には非劣解を繋いだものは凸になるとは限らない．

非劣解の総数は非常に大きくなる可能性がある．そのため，実際にはすべての非劣解を列挙するのではなく，意思決定者の好みにあった少数の非劣解を選択して示すことが重要になる．

最も単純なスカラー化は複数の目的関数を適当な比率を乗じて足し合わせることである．

m 次元の目的関数ベクトルは，m 次元ベクトル α を用いてスカラー化できる．通常，パラメータ α は

$$\sum_{i=1}^{m} \alpha_i = 1$$

を満たすように正規化しておく．

この α を用いて重み付きの和をとることにより，以下のような単一の（スカラー化された）目的関数 f_α に変換できる．

$$f_\alpha(x) = \sum_{i=1}^{m} \alpha_i f_i(x)$$

これを 2 目的の最短路問題に適用してみよう．格子グラフの枝に 2 つの重み（cost と time）を定義して，スカラー化を用いて，有効フロンティアを描画する．

```python
m, n = 100, 100
lb, ub = 1, 100
G = nx.grid_2d_graph(m, n)
for (i, j) in G.edges():
    G[i][j]["cost"] = random.randint(lb, ub)
    G[i][j]["time"] = 100 / G[i][j]["cost"]
```

```python
x, y = [], []
for k in range(100):
    alpha = 0.01 * k
    for (i, j) in G.edges():
        G[i][j]["weight"] = alpha * G[i][j]["cost"] + (1 - alpha) * G[i][j]["time"]

    pred, distance = nx.dijkstra_predecessor_and_distance(G, source=(0, 0))
    # print("minimum cost=", distance[m-1,n-1])
    j = (m - 1, n - 1)
    cost = time = 0
    while i != (0, 0):
        i = pred[j][0]
        cost += G[i][j]["cost"]
```

```
        time += G[i][j]["time"]
        j = i
    # print(cost,time)
    x.append(cost)
    y.append(time)
```

```
plt.plot(x, y, color="green", marker="o")
```

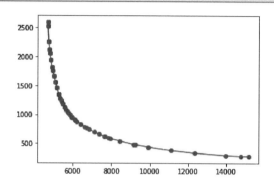

4 最小木問題

- 最小木問題に対する定式化とアルゴリズム

4.1 準備

```
import networkx as nx
import matplotlib.pyplot as plt
import random
```

関連動画▶

4.2 最小木問題

　木（tree）とは，閉路を含まない連結グラフを指す．ここで，閉路とは始点と終点が一致するパスであり，連結グラフとは，すべての点の間にパスが存在するグラフである．また，与えられた無向グラフのすべての点を繋ぐ木を，特に**全域木**（spanning tree）とよぶ．全域木の概念を用いると，最小木問題は以下のように定義できる．

■4.2.1 最小木問題（minimum spanning tree problem）

n 個の点から構成される点集合 V，m 本の枝から構成される枝集合 E，無向グラフ $G = (V, E)$，枝上の費用関数 $c : E \rightarrow \mathbf{R}$ が与えられたとき，枝の費用の合計を最小にする全域木を求めよ．

　枝の費用の合計を最小にする全域木を**最小木**（minimum spanning tree）とよぶ．本来ならば，最小費用全域木問題と訳すべきであるが，簡単のため最小木問題とよぶことが多いので，ここでも慣例にならうものとする．

　最小木問題は，人間の自然な摂理（貪欲性と改善性）にしたがうことによって，簡単に解くことができる．

はじめに,貪欲性に基づくものを紹介しよう.まず,枝上で定義される費用を小さい順に並べ替える.次に,木を空集合に初期設定して,費用の小さい順に,枝を加えていく.この際,枝を加えることによって閉路ができてしまう場合には,木に加えない(正確にはアルゴリズムの途中では連結とは限らないので,木ではなく,**森**(forest)とよぶ).すべての点が木に含まれたら終了する.このときの全域木が,最小木になっている.

この方法は,**貪欲アルゴリズム**(greedy algorithm),もしくは発案者の名前をとって**Kruskal 法**(Kruskal method)とよばれ,最小木問題の最適解を与える.

次に,人間のもう1つの自然な摂理である改善性に基づくものを紹介しよう.まず,適当な全域木からはじめる.次に,木に含まれていない枝を追加したときにできる閉路から,最も費用の大きい枝を除くことを試みる(これを改善操作とよぶ).もし,改善操作によって費用が減少するなら,その操作を実行する.すべての木に含まれていない枝に対して,改善操作が費用の減少をもたらさなかったら終了する.このときの全域木が,最小木になっている.

4.3 最小木問題の定式化

最小木問題に対する「良い」定式化を導いておくことは,良い付加条件がついた最小木問題や,木の構造をもった NP-困難問題に対して,数理最適化ベースの解法を適用する際に役に立つ.

ここでは,最小木問題に対する様々な定式化を示し,定式化の強弱について考察する.

■ 4.3.1 閉路除去定式化

最初の定式化は,点の部分集合に対して閉路を含まないことを表現したものであり,**閉路除去定式化**(circuit elimination formulation)とよばれる.

定式化に必要な記号を導入しておく.点集合 V の要素の数(位数)を n とする.枝集合 E の要素の数(位数)を m とする.点の部分集合 S に対して,両端点が S に含まれる枝の集合を $E(S)$ と書く.また,枝 $e \in E$ が全域木に含まれるとき 1,それ以外のとき 0 を表す 0-1 変数 x_e を導入する.

木は,閉路を含まないグラフであったので,点集合の任意の部分集合 $S \subset V$ に対して,S に両端点が含まれる枝の本数は,点の数 $|S|$ から 1 を減じた値以下である必要がある.また,全域木であるためには,枝数の合計はちょうど $n-1$ 本でなければならない.

上の議論から,以下の定式化を得る.

$$
\begin{aligned}
minimize \quad & \sum_{e \in E} c_e x_e \\
s.t. \quad & \sum_{e \in E} x_e = n - 1 \\
& \sum_{e \in E(S)} x_e \leq |S| - 1 \quad \forall S \subset V \\
& x_e \in \{0, 1\} \quad\quad\quad \forall e \in E
\end{aligned}
$$

■ 4.3.2 カットセット定式化

点の部分集合 S に対して，$\delta(S)$ を端点の 1 つが S に含まれ，もう 1 つの端点が S に含まれない枝の集合とする．枝集合は，S 内に両端点をもつ枝の集合 $E(S)$，$V \setminus S$ 内に両端点をもつ枝の集合 $E(V \setminus S)$ と $\delta(S)$ の和集合である．すなわち，

$$
E = E(S) \cup E(V \setminus S) \cup \delta(S)
$$

が成立する．全域木の特性ベクトル x に対しては，$\sum_{e \in E} x_e = n - 1$ であり，さらに S と $V \setminus S$ に対する部分閉路除去を表す制約 $\sum_{e \in E(S)} x_e \leq |S| - 1$ ならびに $\sum_{e \in E(V \setminus S)} x_e \leq |V \setminus S| - 1$ であるので，制約 $\sum_{e \in \delta(S)} x_e \geq 1$ が妥当不等式であることが分かる．これをカットセット制約とよぶ．

カットセット制約を用いた最小木問題の定式化は，以下のように書ける．

$$
\begin{aligned}
minimize \quad & \sum_{e \in E} c_e x_e \\
s.t. \quad & \sum_{e \in E} x_e = n - 1 \\
& \sum_{e \in \delta(S)} x_e \geq 1 \quad \forall S \subset V \\
& x_e \in \{0, 1\} \quad\quad \forall e \in E
\end{aligned}
$$

閉路除去制約は，カットセット制約より「真に」強い定式化である．

■ 4.3.3 単品種流定式化

上の 2 つの定式化では，入力サイズの指数オーダーの制約式を必要とした．ここでは，多項式オーダーの制約式から構成される定式化を考える．カットセット制約は，グラフの任意のカットが 1 以上の容量をもつことを規定していたが，最大フロー・最小カット定理から，フローを用いた定式化を自然に導くことができる．

いま，グラフ $G = (V, E)$ 内の特定の点 $0(\in V)$ から，他のすべての点に 1 単位のフローを流すことを考える．枝 $e = (i, j)$ を i から j へ流れるフロー量を f_{ij} とする．点 0 から出る（供給する）フロー量は $n - 1$ 単位であり，それを他の各点で 1 単位ずつ消費するものとする．点 i から点 j もしくは点 j から点 i へ，いずれかの方向にフロー

が流れているときに，枝 $e = (i, j)$ が最小木に含まれるものとすると，以下の**単品種流定式化**（single commodity flow formulation）を得ることができる.

$$
\begin{aligned}
minimize \quad & \sum_{e \in E} c_e x_e \\
s.t. \quad & \sum_{e \in E} x_e = n - 1 \\
& \sum_{j:(0,j)\in\delta(\{0\})} f_{0j} = n - 1 \\
& \sum_{(j,i)\in\delta(\{i\})} f_{ji} - \sum_{(i,j)\in\delta(\{i\})} f_{ij} = 1 \quad \forall i \in V \setminus \{0\} \\
& f_{ij} \le (n-1)x_e \quad && \forall e = (i, j) \in E \\
& f_{ji} \le (n-1)x_e \quad && \forall e = (i, j) \in E \\
& x_e \in \{0, 1\} \quad && \forall e \in E \\
& f_{ij} \ge 0, f_{ji} \ge 0 \quad && \forall e = (i, j) \in E
\end{aligned}
$$

この定式化は簡潔ではあるが弱い. 制約が付加された問題に対して対処しやすいという利点もある.

■ 4.3.4 多品種流定式化

カットセット制約と同等の強さをもつ定式化を得るためには，特定の点 $0(\in V)$ から，他の点 $k(\in V \setminus \{0\})$ に流すフローを区別する必要がある. フローの出先は**発地**（origin），行き先は**着地**（destination）とよばれる. この場合は，発地はすべて特定の点 0 であり，着地は他のすべての点である. 一般に，異なる発地と着地をもつフローは区別して扱う必要があり，これを**品種**（commodity）とよぶ. ここで考える定式化は，複数の品種をもつ問題を用いるので，**多品種流定式化**（multi-commodity flow formulation）とよばれる.

点 0 から点 k へ流れるフローが，枝 (i, j) 上を i から j の向きで通過する量を表す実数変数を f_{ij}^k としたとき，多品種流定式化は，以下のようになる.

$$
\begin{aligned}
minimize \quad & \sum_{e \in E} c_e x_e \\
s.t. \quad & \sum_{e \in E} x_e = n - 1 \\
& \sum_{(j,i)\in\delta(\{i\})} f_{ji}^k - \sum_{(i,j)\in\delta(\{i\})} f_{ij}^k =
\begin{cases}
-1 & i = 0, \forall k \in V \setminus \{0\} \\
0 & \forall i \in V \setminus \{0, k\}, k \in V \setminus \{0\} \\
1 & i = k, \forall k \in V \setminus \{0\}
\end{cases} \\
& f_{ij}^k + f_{ji}^{k'} \le x_e \quad && \forall k, k' \in V \setminus \{0\}, e = (i, j) \in E \\
& x_e \in \{0, 1\} \quad && \forall e \in E \\
& f_{ij}^k \ge 0, f_{ji}^k \ge 0 \quad && \forall k \in V \setminus \{0\}, e = (i, j) \in E
\end{aligned}
$$

この定式化の線形最適化緩和問題は，（指数オーダーの制約をもつ）閉路除去定式化の線形最適化緩和問題と等しいことを示すことができる．

4.4 networkX の利用

以下の関数で最適化ができる．

- minimum_spanning_tree(*G*) は無向グラフ *G* の最小重みの全域木（最小木）をグラフとして返す．
- minimum_spanning_edges(*G*) は無向グラフ *G* の最小木を枝の集合として返す．

引数の algorithm でアルゴリズムを選択できる．既定値は 'kruskal' で Kruskal 法（貪欲解法）である．他には，'prim'（Prim 法）と 'boruvka'（Boruvka 法）が選択できる．

以下の例題を minimum_spanning_tree 関数を用いて解いてみる．

> あなたは，あなたの母国と冷戦下にある某国に派遣されているスパイだ．いま，この国に派遣されているスパイは全部で5人いて，それぞれが偽りの職業について諜報活動をしている．スパイ同士の連絡には秘密の連絡法がそれぞれ決まっていて，本国からの情報によれば，連絡にかかる費用は与えられている．
> いま，あなたが得た新しい極秘情報を，他の4人のスパイに連絡せよという指令が伝えられた．ただし，昨今の不景気風はスパイ業界にも吹いているようで，なるべく費用を安くしなければならないというおまけつきである．どのように連絡をとれば，最小の費用で極秘情報を仲間に連絡できるだろうか？

```python
G = nx.Graph()
G.add_edge("Arigator", "WhiteBear", weight=2)
G.add_edge("Arigator", "Bull", weight=1)
G.add_edge("Bull", "WhiteBear", weight=1)
G.add_edge("Bull", "Shark", weight=3)
G.add_edge("WhiteBear", "Condor", weight=3)
G.add_edge("WhiteBear", "Shark", weight=5)
G.add_edge("Shark", "Condor", weight=4)
print(nx.minimum_spanning_tree(G).edges())
```

```
[('Arigator', 'Bull'), ('WhiteBear', 'Bull'), ('WhiteBear', 'Condor'), ('Bull', '↵
Shark')]
```

■ 4.4.1 ランダムに枝長を設定した格子グラフ

ランダムに枝長を設定した格子グラフに対して，minimum_spanning_edges 関数を用いて最小木を求め，描画する．

```python
m, n = 5, 5
```

```
lb, ub = 1, 20
random.seed(1)
G = nx.grid_2d_graph(m, n)
for (i, j) in G.edges():
    G[i][j]["weight"] = random.randint(lb, ub)
pos = {(i, j): (i, j) for (i, j) in G.nodes()}

edges = list(nx.minimum_spanning_edges(G))

plt.figure()
nx.draw(G, pos=pos, node_size=100)
edge_labels = {}
for (i, j) in G.edges():
    edge_labels[i, j] = f"{ G[i][j]['weight'] }"
nx.draw_networkx_edge_labels(G, pos, edge_labels=edge_labels)
nx.draw(G, pos=pos, width=5, edgelist=edges, edge_color="orange")
plt.show()
```

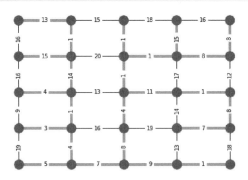

4.5 クラスター間の最短距離を最大にする k 分割問題

枝上に距離が定義された無向グラフ $G = (V, E)$ を考える. このグラフの点集合 V
を k 個に分割したとき, 分割に含まれる点同士の最短距離を最大化するようにしたい.
これは最小木に含まれる枝を距離の大きい順に $k - 1$ 本除くことによって得ることが
できる.

上のグラフの $k = 4$ 分割を求めてみる. つまり, 最小木に含まれる枝の大きい順に
3 本の枝を除けば良い.

```
weight = []
for (i, j, w) in edges:
    weight.append((w["weight"], i, j))
weight.sort(reverse=True)
print("weight=", weight)
```

```
print("max distance=", weight[3 - 1][0])
```

```
weight= [(15, (3, 3), (3, 4)), (15, (0, 3), (1, 3)), (14, (1, 2), (1, 3)), (13, (0,↩
 4), (1, 4)), (11, (2, 2), (3, 2)), (9, (2, 0), (3, 0)), (8, (4, 3), (4, 4)), (8, ↩
 (4, 1), (4, 2)), (8, (3, 3), (4, 3)), (8, (2, 0), (2, 1)), (7, (3, 1), (4, 1)), (7,↩
 (1, 0), (2, 0)), (5, (0, 0), (1, 0)), (4, (2, 1), (2, 2)), (4, (1, 0), (1, 1)), ↩
 (4, (0, 2), (1, 2)), (3, (0, 1), (1, 1)), (1, (3, 2), (4, 2)), (1, (3, 0), (4, 0)),↩
 (1, (2, 3), (3, 3)), (1, (2, 3), (2, 4)), (1, (2, 2), (2, 3)), (1, (1, 3), (1, ↩
 4)), (1, (1, 1), (1, 2))]
max distance= 14
```

```
G1 = nx.Graph()
for (w, i, j) in weight[3:]:
    G1.add_edge(i, j)
```

```
nx.draw(G, pos=pos, node_size=100)
nx.draw_networkx_edge_labels(G, pos, edge_labels=edge_labels)
nx.draw(G1, pos=pos, node_size=100, width=10, edge_color="orange")
```

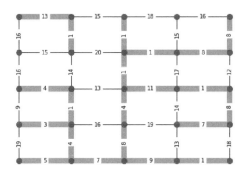

4.6 有向最小木

有向木（arborescence）とは，入次数が高々 1 の連結有向グラフである．また，与えられた無向グラフのすべての点を繋ぐ木を，特に**全域有向木**（spanning arborescence）とよぶ．全域木の概念を用いると，最小木問題は以下のように定義できる．

■4.6.1 最小有向木問題（minimum spanning arborescence problem）

n 個の点から構成される点集合 N，m 本の枝から構成される有向枝集合 A，有向グラフ $D = (N, A)$，枝上の費用関数 $c : A \to \mathbf{R}$ が与えられたとき，枝の費用の合計を最小にする全域有向木（arborescence）を求めよ．

枝の費用の合計を最小にする全域木を**最小有向木**（minimum spanning arborescence）
とよぶ．有向最小木は，最小木のように貪欲解法では求めることはできないが，Edmond
法で多項式時間で求めることができる．

Edmonds はクラスであり，コンストラクタで有向グラフを与える．その後で，
find_optimum メソッドで解を求める．引数で最小化か最大化か，連結していない有
向木（branching）を求めるか，有向木を求めるかが指定できる．

- attr : 最小化するための枝属性名を与える．既定値は 'weight'.
- kind : 最小化か最大化かを指定する．'min' で最小化，'max'（既定値）で最大化する．
- style : 連結な有向木'arborescence' か，非連結を許す'branching'（既定値）かを指定
  する．

```
m, n = 3, 3
lb, ub = 1, 20
G = nx.grid_2d_graph(m, n)
D = G.to_directed()
for (i, j) in D.edges():
    D[i][j]["weight"] = random.randint(lb, ub)
pos = {(i, j): (i, j) for (i, j) in G.nodes()}
```

```
plt.figure()
nx.draw(D, pos=pos, with_labels=True, node_size=1000, node_color="yellow")
edge_labels = {}
for (i, j) in G.edges():
    edge_labels[i, j] = f"{D[i][j]['weight']} \n{D[j][i]['weight']}"
nx.draw_networkx_edge_labels(D, pos, edge_labels=edge_labels)
plt.show()
```

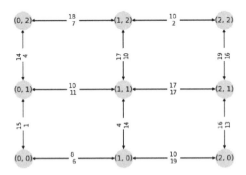

```
edmonds = nx.tree.Edmonds(D)
sol = edmonds.find_optimum(attr="weight", kind="min", style="arborescence")
```

```
plt.figure()
```

```
edge_labels = {}
for (i, j) in sol.edges():
    edge_labels[i, j] = f"{D[i][j]['weight']}"
nx.draw_networkx_edge_labels(D, pos, edge_labels=edge_labels)
nx.draw(D, pos=pos, width=5, edgelist=sol.edges(), edge_color="orange")
```

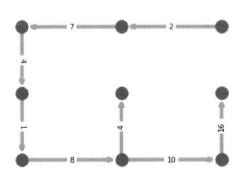

5 容量制約付き有向最小木問題

- 容量制約付きの最小木に対する定式化とソルバーによる求解

関連動画 ▶

5.1 準備

```
import networkx as nx
import matplotlib.pyplot as plt
from gurobipy import Model, quicksum, GRB
#from mypulp import Model, quicksum, GRB
from collections import OrderedDict, defaultdict
```

5.2 容量制約付き有向最小木問題

最小木問題において，枝に向きがある場合には，**最小有向木問題**（minimum arborescence problem）になる．

この問題は多項式時間で解くことができるが，これに枝の容量制約を付加したものが，容量制約付き有向最小木問題である．ベンチマーク問題例は，

http://people.brunel.ac.uk/~mastjjb/jeb/orlib/capmstinfo.html
から入手できる．

有向グラフ $D = (N, A)$ と特定の点（根とよぶ; 0 と仮定）が与えられている．他の点は 1 単位の需要をもち，それは根から選択された枝を経由して運ばなければならない．枝を通過可能なフロー量の上限（容量）Q が与えられているとき，枝上の総費用を最小にする有向木を求めよ．

■ 5.2.1 定式化

- $D = (N, A)$: 有向グラフ

- n: 点の数
- 0: グラフの根を表す点
- c_{ij}: 枝 (i, j) の費用
- Q: 枝の容量
- x_{ij}: 枝を使用するとき 1，それ以外のとき 0
- y_{ij}: 枝上を流れるフロー量

$$minimize \quad \sum_{i,j} c_{ij} x_{ij}$$

$$s.t. \quad \sum_{i,j} x_{ij} = n - 1$$

$$\sum_{j} x_{ji} = 1 \qquad \forall i \in N \setminus \{0\}$$

$$\sum_{j} y_{ji} - \sum_{j} y_{ij} = 1 \quad \forall i \in N \setminus \{0\}$$

$$y_{ij} \leq (Q-1)x_{ij} \qquad \forall (i,j) \in A, i \neq 0$$

$$y_{ij} \leq Q x_{ij} \qquad \forall (i,j) \in A, i = 0$$

$$x_{ij} \in \{0,1\} \qquad \forall (i,j) \in A, j \neq 0$$

$$y_{ij} \geq 0 \qquad \forall (i,j) \in A, j \neq 0$$

■ 5.2.2 データの読み込み

まず，ダウンロードしたデータ capmst1.txt を読み込み，枝のリストのデータを保管しておく．データの保管場所は適宜変更されたい．

```python
with open("../data/capmst/capmst1.txt") as f:
    lines = f.readlines()
n_line = 0
for iter_ in range(20):
    prob = lines[n_line]
    n_line += 1
    n = int(lines[n_line])  # number of nodes
    G = nx.DiGraph()
    n_line += 1
    for i in range(n + 1):
        array = []
        while 1:
            line = lines[n_line].split()
            array.extend(line)
            if len(array) >= n + 1:
                break
            n_line += 1
        for j, cost in enumerate(array):
            if i != j:
                G.add_edge(i, j, weight=int(cost))
```

```
        n_line += 1
    n_line += 1
    nx.write_weighted_edgelist(G, "../data/capmst/" + prob[:-6].strip() + ".txt")
```

例として，tc40-1.txt の問題を読み込んで解いてみる．容量 Q は別途設定するが，以下
のコードのコメントにあるように，点数 n によって変える必要がある．

```
fname = "../data/capmst/tc40-1.txt"
G = nx.read_weighted_edgelist(fname, create_using=nx.DiGraph, nodetype=int)
n = len(G)

# Q=3, 5, or 10 for n=40
# Q=5, 10, or 20 for n=80

Q = 10
print("n=", n, "Q=", Q)
```

```
n= 41 Q= 10
```

```
model = Model()
x, y = {}, {}
for (i, j) in G.edges():
    if i != j and j != n - 1:  # ルートであるn-1に入る枝はない
        x[i, j] = model.addVar(vtype="B", name=f"x[{i},{j}]")
        y[i, j] = model.addVar(vtype="C", name=f"y[{i},{j}]")
model.update()

model.addConstr(quicksum(x[i, j] for (i, j) in x) == n - 1)

for j in range(0, n - 1):  # ルート以外の点は入次数が1
    model.addConstr(
        quicksum(x[i, j] for i in range(n) if i != j) == 1, name=f"in_degree[{j}]"
    )
for j in range(0, n - 1):  # ルート以外の点に対するフロー保存式
    model.addConstr(
        quicksum(y[i, j] for i in range(n) if i != j)
        - quicksum(y[j, i] for i in range(0, n - 1) if i != j)
        == 1,
        name=f"flow_conservarion[{j}]",
    )
for i in range(n):
    for j in range(0, n - 1):
        if i != j:
            model.addConstr(x[i, j] <= y[i, j], name=f"lower_bound[{i},{j}]")
            if i == n - 1:  # ルートに入るフロー量はQ以下
                model.addConstr(y[i, j] <= Q * x[i, j], name=f"upper_bound[{i},{j}]")
            else:  # ルート以外の点に入るフロー量はQ-1以下
                model.addConstr(
                    y[i, j] <= (Q - 1) * x[i, j], name=f"upper_bound[{i},{j}]"
```

```
            )
model.setObjective(quicksum(G[i][j]["weight"] * x[i, j] for (i, j) in x), GRB.MINIMIZE)
model.optimize()
```

```
... (略) ...

Explored 1 nodes (4660 simplex iterations) in 0.41 seconds
Thread count was 16 (of 16 available processors)

Solution count 5: 498 510 524 ... 1607

Optimal solution found (tolerance 1.00e-04)
Best objective 4.980000000000e+02, best bound 4.980000000000e+02, gap 0.0000%
```

```
SolGraph = nx.DiGraph()
for (i, j) in x:
    if x[i, j].X > 0.1:
        SolGraph.add_edge(i, j)
nx.draw(SolGraph)
```

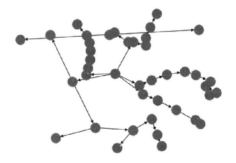

6 Steiner 木問題

- Steiner 木問題に対する定式化とソルバー

6.1 準備

```
import networkx as nx
from gurobipy import Model, quicksum, GRB
# from mypulp import Model, quicksum, GRB
import matplotlib.pyplot as plt
import random
```

関連動画▶

6.2 Steiner 木問題に対する定式化

Steiner 木問題は，最小木問題の拡張であり，NP-困難である．最小木問題が，すべての点を通る全域木を求めるのに対して，Steiner 木問題では，与えられた点（ターミナルとよばれる）の部分集合を繋ぐ木を求める．ターミナル以外の点は使っても良いし，使わなくても良い．これが問題を難しくする．定義は以下のようになる．

無向グラフ $G(V, E)$ と枝上の費用関数 $c : E \to \mathbf{R}$ が与えられたとき，点の部分集合 $VT \subseteq V$ と枝の部分集合 $ET \subseteq E$ から構成される連結グラフで

$$\sum_{e \in ET} c_e$$

を最小にするものを求める．ただし，特定の点 0 は必ず VT に含まれるものと仮定する．

最小木問題に対する多品種流定式化を用いると，Steiner 木問題を混合整数最適化問題として定式化できる．

枝 $e \in E$ が Steiner 木に含まれるとき 1，それ以外のとき 0 を表す 0-1 変数 x_e を導入する．点 0 から点 k へ流れるフローが，枝 (i, j) 上を i から j の向きで通過する量を

表す実数変数を f_{ij}^k としたとき，多品種流定式化は，以下のようになる．

$$minimize \quad \sum_{e \in E} c_e x_e$$

$$s.t. \quad \sum_{(j,i) \in \delta(\{i\})} f_{ji}^k - \sum_{(i,j) \in \delta(\{i\})} f_{ij}^k = \begin{cases} -1 & i = 0, \forall k \in VT \setminus \{0\} \\ 0 & \forall i \in V \setminus \{0, k\}, k \in V \setminus \{0\} \\ 1 & i = k, \forall k \in VT \setminus \{0\} \end{cases}$$

$$f_{ij}^k + f_{ji}^{k'} \le x_e \qquad \forall k, k' \in V \setminus \{0\}, e = (i, j) \in E$$

$$x_e \in \{0, 1\} \qquad \forall e \in E$$

$$f_{ij}^k \ge 0, f_{ji}^k \ge 0 \qquad \forall k \in V \setminus \{0\}, e = (i, j) \in E$$

ランダムに枝上の費用（重み）を設定した格子グラフに対して，四隅の点をターミナルとした Steiner 木問題を解いてみる．

```python
m, n = 5, 5
lb, ub = 1, 20
random.seed(1)
G = nx.grid_2d_graph(m, n)
pos = {(i, j): (i, j) for (i, j) in G.nodes()}
for (i, j) in G.edges():
    G[i][j]["weight"] = random.randint(lb, ub)

Terminal = [(0, 0), (m - 1, 0), (0, n - 1), (m - 1, n - 1)]
root = Terminal[0]
```

```python
model = Model()
x, f = {}, {}
for (i, j) in G.edges():
    x[i, j] = model.addVar(vtype="B", name=f"x[{i},{j}]")
    for k in Terminal[1:]:
        f[i, j, k] = model.addVar(vtype="C", name=f"f[{i},{j},{k}]")
        f[j, i, k] = model.addVar(vtype="C", name=f"f[{j},{i},{k}]")
model.update()
for k in Terminal[1:]:
    for i in G.nodes():
        if i == root:
            model.addConstr(
                quicksum(f[i, j, k] for j in G[i]) - quicksum(f[j, i, k] for j in G[i])
                == 1
            )
        elif i == k:
            model.addConstr(
                quicksum(f[i, j, k] for j in G[i]) - quicksum(f[j, i, k] for j in G[i])
                == -1
            )
        else:
            model.addConstr(
```

```
                quicksum(f[i, j, k] for j in G[i]) - quicksum(f[j, i, k] for j in G[i])
                == 0
            )
for (i, j) in G.edges():
    for k in Terminal[1:]:
        model.addConstr(f[i, j, k] + f[j, i, k] <= x[i, j])
model.setObjective(
    quicksum(G[i][j]["weight"] * x[i, j] for (i, j) in G.edges()), GRB.MINIMIZE
)
model.optimize()
edges = []
print(model.ObjVal)
for (i, j) in G.edges():
    if x[i, j].X > 0.01:
        edges.append((i, j))
```

```
... (略) ...

Cutting planes:
  Gomory: 14

Explored 1 nodes (129 simplex iterations) in 0.02 seconds
Thread count was 16 (of 16 available processors)

Solution count 5: 81 88 98 ... 288

Optimal solution found (tolerance 1.00e-04)
Best objective 8.100000000000e+01, best bound 8.100000000000e+01, gap 0.0000%
81.0
```

```
plt.figure()
nx.draw(G, pos=pos, node_size=100)
edge_labels = {}
for (i, j) in G.edges():
    edge_labels[i, j] = f"{ G[i][j]['weight'] }"
nx.draw_networkx_edge_labels(G, pos, edge_labels=edge_labels)
nx.draw(G, pos=pos, width=5, edgelist=edges, edge_color="orange")
plt.show()
```

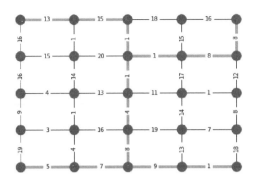

6.3 Steiner 木問題に対する近似解法

networkX を用いて Steiner 木問題の近似解を得ることができる.

```
from networkx.algorithms.approximation.steinertree import steiner_tree
steiner = steiner_tree(G, terminal_nodes=Terminal)
```

```
total = 0
for (i, j) in steiner.edges():
    total += G[i][j]["weight"]
print(total)
```

85

```
plt.figure()
nx.draw(G, pos=pos, with_labels=False, node_size=100)
nx.draw_networkx_edge_labels(G, pos, edge_labels=edge_labels)
nx.draw(G, pos=pos, width=5, edgelist=steiner.edges(), edge_color="orange", ↵
    node_size=0)
plt.show()
```

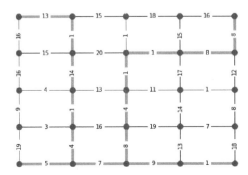

6.4 賞金収集有向 Steiner 木問題

ここでは，応用（枝の向きによって費用が異なる場合もあるので）を意識して有向グラフ上で考える．有向グラフ $D(N, A)$，点上の利得（賞金）関数 $p : N \to \mathbf{R}$，枝上の費用関数 $c : S \to \mathbf{R}$ が与えられたとき，点の部分集合 $NT \subseteq N$ と枝の部分集合 $AT \subseteq A$ から構成される連結グラフで

$$\sum_{i \in NT} p_i - \sum_{(i,j) \in AT} c_{ij}$$

を最大にするものを求める．ただし，特定の点 0 は必ず NT に含まれるものと仮定する．

最小木問題に対する多品種流定式化を用いると，賞金収集有向 Steiner 木問題を混合整数最適化問題として定式化できる．

有向グラフ $D = (N, A)$ 上で定式化する．有向枝 $(i, j) \in A$ が Steiner 木に含まれるとき 1，それ以外のとき 0 を表す 0-1 変数 x_{ij} を導入する．さらに，点 i が Steiner 木に含まれるとき 1 の 0-1 変数 y_i を準備する．点 0 から点 k へ流れるフローが，枝 (i, j) 上を通過する量を表す実数変数を f_{ij}^k としたとき，賞金収集有向 Steiner 木問題に対する多品種流定式化は，以下のようになる．

$$
\begin{aligned}
maximize \quad & \sum_{i \in N \setminus \{0\}} p_i y_i - \sum_{(i,j) \in A} c_{ij} x_{ij} \\
s.t. \quad & \sum_j x_{ij} = y_i && \forall i \in N \setminus \{0\} \\
& \sum_j f_{ji}^k - \sum_j f_{ij}^k =
\begin{cases}
-y_k & i = 0, \forall k \in N \setminus \{0\} \\
0 & \forall i \in N \setminus \{0, k\}, k \in V \setminus \{0\} \\
y_k & i = k, \forall k \in N \setminus \{0\}
\end{cases} \\
& f_{ij}^k \le x_{ij} && \forall k \in N \setminus \{0\}, (i, j) \in A \\
& x_{ij} \in \{0, 1\} && \forall (i, j) \in A \\
& y_i \in \{0, 1\} && \forall i \in N \\
& f_{ij}^k \ge 0 && \forall k \in V \setminus \{0\}, (i, j) \in A
\end{aligned}
$$

```
m, n = 5, 5
lb, ub = 1, 20
plb, pub = 1, 20
root = (0, 0)
G = nx.grid_2d_graph(m, n)
pos = {(i, j): (i, j) for (i, j) in G.nodes()}
for (i, j) in G.edges():
    G[i][j]["weight"] = random.randint(lb, ub)
```

```
for i in G.nodes():
    if i != root:
        G.nodes[i]["prize"] = random.randint(plb, pub)
D = G.to_directed()
```

```
model = Model()
x, y, f = {}, {}, {}
for (i, j) in D.edges():
    x[i, j] = model.addVar(vtype="B", name=f"x[{i},{j}]")
    for k in D.nodes():
        if k != root:
            f[i, j, k] = model.addVar(vtype="C", name=f"f[{i},{j},{k}]")
for i in D.nodes():
    if i != root:
        y[i] = model.addVar(vtype="B", name=f"y[{i}]")
model.update()
for i in D.nodes():
    if i != root:
        model.addConstr(quicksum(x[j, i] for j in D[i]) == y[i])
for k in D.nodes():
    if k == root:
        continue
    for i in D.nodes():
        if i == root:
            model.addConstr(
                quicksum(f[i, j, k] for j in D[i]) - quicksum(f[j, i, k] for j in D[i])
                == y[k]
            )
        elif i == k:
            model.addConstr(
                quicksum(f[i, j, k] for j in D[i]) - quicksum(f[j, i, k] for j in D[i])
                == -y[k]
            )
        else:
            model.addConstr(
                quicksum(f[i, j, k] for j in D[i]) - quicksum(f[j, i, k] for j in D[i])
                == 0
            )
for (i, j) in D.edges():
    for k in D.nodes:
        if k != root:
            model.addConstr(f[i, j, k] <= x[i, j])
model.setObjective(
    quicksum(D.nodes[i]["prize"] * y[i] for i in D.nodes() if i != root)
    - quicksum(D[i][j]["weight"] * x[i, j] for (i, j) in D.edges()),
    GRB.MAXIMIZE,
)
model.optimize()
edges = []
```

```
print(model.ObjVal)
for (i, j) in D.edges():
    if x[i, j].X > 0.01:
        edges.append((i, j))
```

... (略) ...

```
Explored 0 nodes (342 simplex iterations) in 0.03 seconds
Thread count was 16 (of 16 available processors)

Solution count 3: 93 12 -0

Optimal solution found (tolerance 1.00e-04)
Best objective 9.300000000000e+01, best bound 9.300000000000e+01, gap 0.0000%
93.0
```

```
plt.figure()
nx.draw(G, pos=pos, with_labels=False, node_size=1000, node_color="yellow")
edge_labels = {}
for (i, j) in G.edges():
    edge_labels[i, j] = f"{ G[i][j]['weight'] }"
node_labels = {}
G.nodes[root]["prize"] = 0
for i in G.nodes():
    node_labels[i] = G.nodes[i]["prize"]
nx.draw_networkx_labels(G, pos, labels=node_labels)
nx.draw_networkx_edge_labels(G, pos, edge_labels=edge_labels)
nx.draw(D, pos=pos, width=5, edgelist=edges, edge_color="red", node_size=0)
plt.show()
```

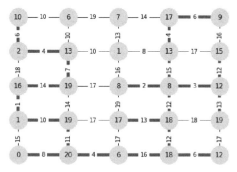

7 最小費用流問題

- 最小費用流問題に対する定式化とアルゴリズム

7.1 準備

```
import numpy as np
import networkx as nx
import matplotlib.pyplot as plt
from gurobipy import Model, quicksum, GRB, multidict, tuplelist
# from mypulp import Model, quicksum, GRB, multidict, tuplelist
from collections import defaultdict
```

関連動画 ▶

7.2 最小費用流問題

あなたは富士山を統括する大名だ．殿様に送った氷が大変好評だったため，殿様から新たに 10 単位の氷を江戸に運ぶように命じられた．地点間の移動可能量の上限（以下のコードでは capacity）および輸送費用（以下のコードでは weight）が与えられたとき，どのように氷を運べば最も安い費用で殿様に氷を献上できるだろうか．

```
G = nx.DiGraph()
G.add_node(0, demand=-10)
G.add_node(4, demand=10)
capacity = {(0, 1): 5, (0, 2): 8, (1, 4): 8, (2, 1): 2, (2, 3): 5, (3, 4): 6}
G.add_weighted_edges_from(
    [(0, 1, 10), (0, 2, 5), (1, 4, 1), (2, 1, 3), (2, 3, 1), (3, 4, 6)]
)
for (i, j) in G.edges():
    G[i][j]["capacity"] = capacity[i, j]
pos = {0: (0, 1), 1: (1, 2), 2: (1, 0), 3: (2, 0), 4: (2, 2)}
edge_labels = {}
```

```
for (i, j) in G.edges():
    edge_labels[i, j] = f"{ G[i][j]['weight'] }({ G[i][j]['capacity']})"
plt.figure()
nx.draw(G, pos=pos, with_labels=True, node_size=1000)
nx.draw_networkx_edge_labels(G, pos, edge_labels=edge_labels)
plt.show()
```

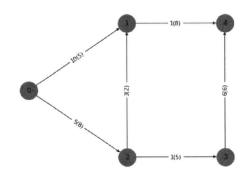

　ここで考えるネットワーク上の最適化問題は最小費用流問題とよばれ，サプライ・チェインの本質とも言える「最小費用のフロー」を求める問題である．最小費用流問題の目的は，最大流問題と同様に，ある基準を最適化する「フロー」を求めることであるが，最短路問題と同様に，目的は費用の最小化である．つまり，最小費用流問題は，最大流問題と最短路問題の2つの特徴をあわせもった問題と考えられる．

　最短路問題のように始点と終点を決めるのではなく，ここではもう少し一般的に各点ごとに流出量を定義することにしよう．流出量は非負とは限らず，負の流出量は流入量を表す．流出量の総和は，ネットワーク内に「もの」が貯まらない（もしくは不足しない）ためには，0になる必要がある．

■7.2.1　最小費用流問題（minimum cost flow problem）

　n 個の点から構成される点集合 V および m 本の枝から構成される枝集合 E, V および E からなる有向グラフ $G = (V, E)$，枝上に定義される費用関数 $c : E \to \mathbf{R}$，枝上に定義される非負の容量関数 $u : E \to \mathbf{R}_+ \cup \{\infty\}$，点上に定義される流出量関数 $b : V \to \mathbf{R}$ が与えられたとき，「実行可能フロー」で，費用の合計が最小になるものを求めよ．ただし，$\sum_{i \in V} b_i = 0$ を満たすものとする．

　上の問題の定義を完結させるためには，「実行可能フロー」を厳密に定義する必要がある．（最小費用流問題に対する）**実行可能フロー**（feasible flow）とは枝上に定義された実数値関数 $x : E \to \mathbf{R}$ で，以下の性質を満たすものを指す．

• フロー整合条件：

$$\sum_{j:ji\in E} x_{ji} - \sum_{j:ij\in E} x_{ij} = b_i$$

• 容量制約と非負制約:

$$0 \leq x_e \leq u_e \quad \forall e \in E$$

networkX だと，最小費用流問題を解くためにはネットワーク単体法の関数（network_simplex）と容量スケーリング法（capacity_scaling）が準備されている．点の属性として需要 demand，枝の属性として容量 capacity と費用 weight を定義する．network_simplex は費用が浮動小数点数の場合には非常に遅くなるので，数値を整数に丸めてから実行する必要がある．capacity_scaling は，費用が浮動小数点数でも性能に差はないが，一般には network_simplex より遅い．

```
cost, flow = nx.algorithms.flow.network_simplex(G)
for i in G.nodes():
    for j in flow[i]:
        edge_labels[i, j] = f"{flow[i][j]}"
plt.figure()
nx.draw(G, pos=pos, with_labels=True, node_size=1000)
nx.draw_networkx_edge_labels(G, pos, edge_labels=edge_labels)
plt.show()
```

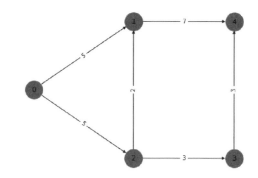

▋7.3▋ 最小費用最大流問題

始点から終点への最大流の中で最小費用のものを求める問題を**最小費用最大流問題**（minimum cost maximum flow problem）とよぶ，これも networkX で解くことができる．ただし，始点 s と終点 t を固定する必要がある．ただし，その中身は単に始点から終点への最大流問題を解いて，需要を最大フロー値に固定してから最小費用流問題を解いているだけである．

```
flow = nx.algorithms.flow.max_flow_min_cost(G, s=0, t=4)
```

```
for i in G.nodes():
    for j in flow[i]:
        edge_labels[i, j] = f"{flow[i][j]}"
plt.figure()
nx.draw(G, pos=pos, with_labels=True, node_size=1000)
nx.draw_networkx_edge_labels(G, pos, edge_labels=edge_labels)
plt.show()
```

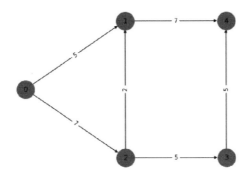

7.4 輸送問題

最小費用流問題は，**輸送問題**（transportation problem）とよばれる古典的な問題を特殊形として含む．

いま，顧客数を n，工場数を m とし，顧客を $i = 1, 2, \ldots, n$，工場を $j = 1, 2, \ldots, m$ と番号で表すものとする．また，顧客の集合を $I = \{1, 2, \ldots, n\}$，工場の集合を $J = \{1, 2, \ldots, m\}$ とする．顧客 i の需要量を d_i，顧客 i と施設 j 間に 1 単位の需要が移動するときにかかる輸送費用を c_{ij}，工場 j の容量 M_j とする．また，x_{ij} を工場 j から顧客 i に輸送される量を表す連続変数とする．

上の記号および変数を用いると，輸送問題は以下の線形最適化問題として定式化できる．

$$
\begin{aligned}
minimize \quad & \sum_{i \in I} \sum_{j \in J} c_{ij} x_{ij} \\
s.t. \quad & \sum_{j \in J} x_{ij} = d_i \qquad \forall i \in I \\
& \sum_{i \in I} x_{ij} \leq M_j \qquad \forall j \in J \\
& x_{ij} \geq 0 \qquad\qquad \forall i \in I, j \in J
\end{aligned}
$$

目的関数は輸送費用の和の最小化であり，最初の制約は需要を満たす条件，2番目の制約は工場の容量制約である．

networkX の最小費用流を使う場合には，需要の合計が 0 になるように， ダミーの点を追加する．

以下では，数理最適化による定式化を示す．

```python
I, d = multidict({1: 80, 2: 270, 3: 250, 4: 160, 5: 180})
J, M = multidict({1: 500, 2: 500, 3: 500})
c = {
    (1, 1): 4,
    (1, 2): 6,
    (1, 3): 9,
    (2, 1): 5,
    (2, 2): 4,
    (2, 3): 7,
    (3, 1): 6,
    (3, 2): 3,
    (3, 3): 4,
    (4, 1): 8,
    (4, 2): 5,
    (4, 3): 3,
    (5, 1): 10,
    (5, 2): 8,
    (5, 3): 4,
}
model = Model("transportation")
x = {}
for i in I:
    for j in J:
        x[i, j] = model.addVar(vtype="C", name="x(%s,%s)" % (i, j))
model.update()

for i in I:
    model.addConstr(quicksum(x[i, j] for j in J) == d[i], name="Demand(%s)" % i)

for j in J:
    model.addConstr(quicksum(x[i, j] for i in I) <= M[j], name="Capacity(%s)" % j)

model.setObjective(quicksum(c[i, j] * x[i, j] for (i, j) in x), GRB.MINIMIZE)

model.optimize()

print("Optimal value:", model.ObjVal)
EPS = 1.0e-6
for (i, j) in x:
    if x[i, j].X > EPS:
        print(
            "sending quantity %10s from factory %3s to customer %3s" % (x[i, j].X, j, i)
```

```
    )
```

```
... (略) ...

Solved in 1 iterations and 0.01 seconds
Optimal objective  3.3700000000e+03
Optimal value: 3370.0
sending quantity        80.0 from factory   1 to customer   1
sending quantity        20.0 from factory   1 to customer   2
sending quantity       250.0 from factory   2 to customer   2
sending quantity       250.0 from factory   2 to customer   3
sending quantity       160.0 from factory   3 to customer   4
sending quantity       180.0 from factory   3 to customer   5
```

```python
G = nx.DiGraph()
sum_ = 0
for j in M:
    sum_ -= M[j]
    G.add_node(f"plant{j}", demand=-M[j])
for i in d:
    sum_ += d[i]
    G.add_node(f"customer{i}", demand=d[i])
# add dummy customer with demand sum_
G.add_node("dummy", demand=-sum_)
for (i, j) in c:
    G.add_edge(f"plant{j}", f"customer{i}", weight=c[i, j])
for j in M:
    G.add_edge(f"plant{j}", "dummy", weight=0)
cost, flow = nx.flow.network_simplex(G)
```

```python
edge_labels = {}
for (i, j) in G.edges():
    if flow[i][j] > 0.001:
        edge_labels[i, j] = f"{flow[i][j]}"
pos = nx.bipartite_layout(G, nodes=[f"plant{j}" for j in M])
plt.figure()
nx.draw(G, pos=pos, with_labels=True, node_size=2000, node_color="y")
nx.draw_networkx_edge_labels(G, pos, edge_labels=edge_labels)
plt.show()
```

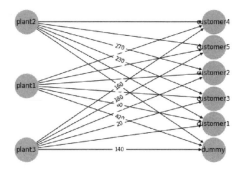

7.5 下限制約付き最小費用流問題

　実務においてはしばしばフロー量の下限制約が付加されるときがある．ここでは，簡単なデータの変換によって下限なしの問題に帰着できることを示す．

　いま，枝 (i, j) 間のフロー量 x_{ij} が $\ell_{ij} \leq x_{ij} \leq u_{ij}$ を満たさなければならないものとする．

　このとき，$x_{ij} - \ell_{ij}$ を新たなフローを表す変数とし，以下のようにデータを変更する．

- 枝の容量 u_{ij} を $u_{ij} - \ell_{ij}$ とする．
- 点 i の需要量 d_i に ℓ_{ij} を加える．
- 点 j の需要量 d_j から ℓ_{ij} を減じる（言い換えれば，ℓ_{ij} だけ供給する）．

　すると，(i, j) 上には下限 ℓ_{ij} の超過分だけが流れ，得られた結果に下限を加えたものが，もとの（下限付きの）問題の解になる．

　例として，最初の例題の $(0, 2)$ 間のフロー量の下限を 6 としたものを考える．

```
G = nx.DiGraph()
G.add_node(0, demand=-10)
G.add_node(4, demand=10)
capacity = {(0, 1): 5, (0, 2): 8, (1, 4): 8, (2, 1): 2, (2, 3): 5, (3, 4): 6}
G.add_weighted_edges_from(
    [(0, 1, 10), (0, 2, 5), (1, 4, 1), (2, 1, 3), (2, 3, 1), (3, 4, 6)]
)
for (i, j) in G.edges():
    G[i][j]["capacity"] = capacity[i, j]
pos = {0: (0, 1), 1: (1, 2), 2: (1, 0), 3: (2, 0), 4: (2, 2)}
edge_labels = {}
for (i, j) in G.edges():
    edge_labels[i, j] = f"{ G[i][j]['weight'] }({ G[i][j]['capacity']})"
plt.figure()
nx.draw(G, pos=pos, with_labels=True, node_size=1000)
```

```
nx.draw_networkx_edge_labels(G, pos, edge_labels=edge_labels)
plt.show()
```

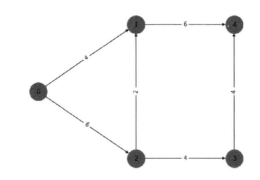

```
G.add_node(0, demand=-4)   # -10+6
G.add_node(4, demand=10)
G.add_node(2, demand=-6)
cost, flow = nx.algorithms.flow.network_simplex(G)
for i in G.nodes():
    for j in flow[i]:
        if i == 0 and j == 2:
            flow[i][j] += 6
        edge_labels[i, j] = f"{flow[i][j]}"
plt.figure()
nx.draw(G, pos=pos, with_labels=True, node_size=1000)
nx.draw_networkx_edge_labels(G, pos, edge_labels=edge_labels)
plt.show()
```

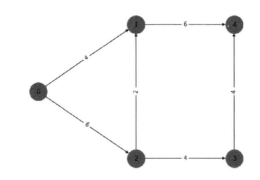

7.6 フロー分解問題

すべてのフローは，パスと閉路の重ね合わせに分解できる．これを**フロー分解**（flow

decomposition）とよぶ.

　最小費用流問題の例題をパスに分解してみる（例題は閉路をもたない有向グラフで
あるので，閉路はない）.

　最小費用流問題を解いて得られたフローに対して，供給不足の点と供給過多の点を
求める．供給不足の点を始点，供給過多の点を終点とした最短路（枝の本数を最小と
する）を求め，パス上のフロー量の最小値を求める．その分だけフローから減じ，供
給不足（過多）の点がなくなるまで，繰り返す.

```python
G = nx.DiGraph()
G.add_node(0, demand=-10)
G.add_node(4, demand=10)
capacity = {(0, 1): 5, (0, 2): 8, (1, 4): 8, (2, 1): 2, (2, 3): 5, (3, 4): 6}
G.add_weighted_edges_from(
    [(0, 1, 10), (0, 2, 5), (1, 4, 1), (2, 1, 3), (2, 3, 1), (3, 4, 6)]
)
for (i, j) in G.edges():
    G[i][j]["capacity"] = capacity[i, j]
pos = {0: (0, 1), 1: (1, 2), 2: (1, 0), 3: (2, 0), 4: (2, 2)}
edge_labels = {}
for (i, j) in G.edges():
    edge_labels[i, j] = f"{ G[i][j]['weight'] }({ G[i][j]['capacity']})"
nx.draw(G, pos=pos, with_labels=True, node_size=1000)
nx.draw_networkx_edge_labels(G, pos, edge_labels=edge_labels)
```

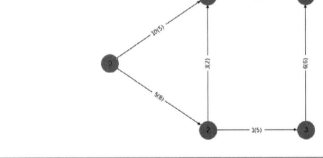

```python
cost, flow = nx.algorithms.flow.network_simplex(G)
for i in G.nodes():
    for j in flow[i]:
        edge_labels[i, j] = f"{flow[i][j]}"
nx.draw(G, pos=pos, with_labels=True, node_size=1000)
nx.draw_networkx_edge_labels(G, pos, edge_labels=edge_labels)
```

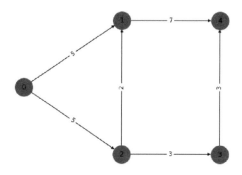

```
# フローのパスへの分解
paths = []
flow_values = []
while 1:
    inflow = defaultdict(int)
    outflow = defaultdict(int)
    excess = defaultdict(int)
    for (i, j) in G.edges():
        outflow[i] += flow[i][j]
        inflow[j] += flow[i][j]
    for i in range(5):
        excess[i] = outflow[i] - inflow[i]

    max_excess = 0
    max_node = -1
    min_excess = 0
    min_node = -1
    for i in G.nodes():
        if max_excess < excess[i]:
            max_node = i
            max_excess = excess[i]
        if min_excess > excess[i]:
            min_node = i
            min_excess = excess[i]
    if max_excess == 0:
        break
    print("Find a path from ", max_node, " to ", min_node)
    D = nx.Graph()
    for (i, j) in G.edges():
        if flow[i][j] > 0:
            D.add_edge(i, j)
    path = nx.shortest_path(D, source=max_node, target=min_node)
    print("Shortest path= ", path)
    paths.append(path)

    min_flow = 9999999
```

```
    i = path[0]
    for j in path[1:]:
        min_flow = min(min_flow, flow[i][j])
        i = j
    print("min_flow=", min_flow)
    flow_values.append(min_flow)
    i = path[0]
    for j in path[1:]:
        flow[i][j] -= min_flow
        i = j
    print("new flow=", flow)
```

```
Find a path from  0  to  4
Shortest path=  [0, 1, 4]
min_flow= 5
new flow= {0: {1: 0, 2: 5}, 4: {}, 1: {4: 2}, 2: {1: 2, 3: 3}, 3: {4: 3}}
Find a path from  0  to  4
Shortest path=  [0, 2, 1, 4]
min_flow= 2
new flow= {0: {1: 0, 2: 3}, 4: {}, 1: {4: 0}, 2: {1: 0, 3: 3}, 3: {4: 3}}
Find a path from  0  to  4
Shortest path=  [0, 2, 3, 4]
min_flow= 3
new flow= {0: {1: 0, 2: 0}, 4: {}, 1: {4: 0}, 2: {1: 0, 3: 0}, 3: {4: 0}}
```

```
print(paths, flow_values)
```

```
[[0, 1, 4], [0, 2, 1, 4], [0, 2, 3, 4]] [5, 2, 3]
```

8 最大流問題

- 最大流問題に対する定式化とアルゴリズム

8.1 準備

```
import networkx as nx
import matplotlib.pyplot as plt
```

関連動画▶

8.2 最大流問題

次に考えるネットワーク上の最適化問題は，最大流問題である．

> あなたは富士山を統括する大名だ．いま，あなたは猛暑で苦しんでいる江戸の庶民にできるだけたくさんの富士山名物の氷を送ろうと思っている．氷を運ぶには特別な飛脚を使う必要があるので，地点間の移動可能量には限りがあり，その上限（以下のコードのcapacity）が与えられている．さて，どのように氷を運べば最も多くの氷を江戸の庶民に運ぶことができるだろうか．

```
G = nx.DiGraph()
capacity = {(0, 1): 5, (0, 2): 8, (1, 4): 8, (2, 1): 2, (2, 3): 5, (3, 4): 6}
for (i, j) in capacity:
    G.add_edge(i, j, capacity=capacity[i, j])
pos = {0: (0, 1), 1: (1, 2), 2: (1, 0), 3: (2, 0), 4: (2, 2)}
edge_labels = {}
for (i, j) in G.edges():
    edge_labels[i, j] = f"{ G[i][j]['capacity']}"
plt.figure()
nx.draw(G, pos=pos, with_labels=True, node_size=1000)
nx.draw_networkx_edge_labels(G, pos, edge_labels=edge_labels)
plt.show()
```

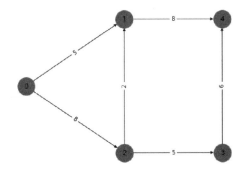

最大流問題は，最短路問題と並んでネットワーク理論もっとも基本的な問題のひとつであり，水や車などをネットワーク上に流すという直接的な応用の他にも，スケジューリングから分子生物学にいたるまで多種多様な応用をもつ．

最短路問題の目的は，ある尺度を最適にする「パス（路）」を求めることであったが，最大流問題や最小費用流問題の目的は，ある尺度を最適にする**「フロー（流）」**を求めることである．

最大流問題を，グラフ・ネットワークの用語を使って定義しておこう．

■ 8.2.1 最大流問題（maximum flow problem）

n 個の点から構成される点集合 V および m 本の枝から構成される枝集合 E，V と E からなる有向グラフ $G = (V, E)$，枝上に定義される非負の容量関数 $u : E \to \mathbf{R}_+$，始点 $s \in V$ および終点 $t \in V$ が与えられたとき，始点 s から終点 t までの「フロー」で，その量が最大になるものを求めよ．

上の問題の定義を完結させるためには，「フロー」を厳密に定義する必要がある．

フロー（flow）とは枝上に定義された実数値関数 $x : E \to \mathbf{R}$ で，以下の性質を満たすものを指す．

- フロー整合条件：

$$\sum_{j:ji \in E} x_{ji} - \sum_{j:ij \in E} x_{ij} = 0 \quad \forall i \in V \setminus \{s, t\}$$

- 容量制約と非負制約：

$$0 \le x_e \le u_e \quad \forall e \in E$$

各点 $i \in V$ に対して関数 $f_x(i)$ を

$$f_x(i) = \sum_{j:ji \in E} x_{ji} - \sum_{j:ij \in E} x_{ij}$$

と定義する．これはフローを表すベクトル x によって定まる量であり，点 i に入って

きた量 $\sum_{j:ji\in E} x_{ji}$ から出ていく量 $\sum_{j:ij\in E} x_{ij}$ を減じた値であるので，フロー x の点 i における**超過**（excess）とよばれる．

　最大の値をもつフロー x を求めることが最大流問題の目的である．最大流問題を線形最適化問題として定式化すると以下のようになる．

$$maximize \quad f_x(t)$$
$$s.t. \quad f_x(i) = 0 \qquad \forall i \in V \setminus \{s,t\}$$
$$0 \le x_e \le u_e \quad \forall e \in E$$

最大流問題は，networkX の maximum_flow 関数で簡単に解くことができる．

```
value, flow = nx.maximum_flow(G, _s=0, _t=4)
print("value=", value)
flow
```

```
value= 12
```

```
{0: {1: 5, 2: 7}, 1: {4: 7}, 2: {1: 2, 3: 5}, 4: {}, 3: {4: 5}}
```

```
edge_labels = {}
for (i, j) in G.edges():
    edge_labels[i, j] = flow[i][j]
plt.figure()
nx.draw(G, pos=pos, with_labels=True, node_size=1000)
nx.draw_networkx_edge_labels(G, pos, edge_labels=edge_labels)
plt.show()
```

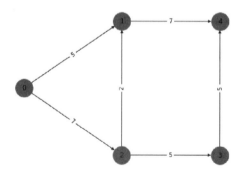

8.3　最小カット問題

　始点 s を含み，終点 t を含まない点の部分集合 S を考える．S から出て S 以外の点に向かう枝の集合を**カット**（cut）とよび，

$$\delta(S) = \{(i,j) \mid (i,j) \in E, i \in S, j \notin S\}$$

と書くことにする. カットに含まれる枝の容量の合計をカット容量とよぶ.

始点 s から終点 t までは,(どんなにがんばっても)カット容量より多くのフローを流すことはできないので,カット容量はフロー量の上界を与えることがわかる.

すべての可能なカットに対して,カット容量を最小にするものを求める問題は,**最小カット問題**(minimum cut problem)とよばれる.

最小カット問題は,最大流問題の双対問題であり,以下の線形最適化問題として定式化できる.

$$
\begin{aligned}
minimize \quad & \sum_{(i,j) \in E} u_{ij} z_{ij} \\
s.t. \quad & y_i - y_j \le z_{ij} \quad && \forall (i,j) \in E \\
& y_s = 1, y_t = 0 \\
& z_{ij} \ge 0 \quad && \forall (i,j) \in E \\
& y_i \in \mathbf{R} \quad && \forall i \in V \setminus \{s,t\}
\end{aligned}
$$

最大流問題と最小カット問題には,以下の関係(最大フロー・最小カット定理)がある.

> 最大のフロー量と最小のカット容量は一致する.

実際に,networkX の minimum_cut 関数で最小カットを求めて確認する.

```
value, cut = nx.minimum_cut(G, _s=0, _t=4)
print("value=", value, "cut=", cut)
```

```
value= 12 cut= ({0, 2}, {1, 3, 4})
```

8.4 多端末最大流問題

無向グラフ $G = (V, E)$,枝上に定義された容量関数 $c : E \to \mathbf{R}$ に対して,すべての 2 点間の最大流(最小カット)を求める問題を**多端末最大流問題**(multi-terminal maximum flow problem)とよぶ.

Gomory-Hu によるアルゴリズムによって,以下の性質を満たすフロー(Gomory-Hu)木 T を得ることができる.

- 任意の 2 点間 s, t に対して, G 上での最大流が T 上で s から t に至るパスの最小の容量と一致する.
- 木 T の最小カット値が, G の最小カット値と一致する.

```
G = nx.Graph()
```

```
G.add_weighted_edges_from(
    [
        (0, 1, 10),
        (0, 2, 8),
        (1, 2, 3),
        (1, 3, 6),
        (1, 4, 2),
        (2, 3, 2),
        (2, 4, 3),
        (2, 5, 2),
        (3, 4, 4),
        (3, 5, 5),
        (4, 5, 7),
    ]
)
pos = {0: (0, 1), 1: (1, 2), 2: (1, 0), 3: (2, 2), 4: (2, 0), 5: (3, 1)}
edge_labels = {}
for (i, j) in G.edges():
    edge_labels[i, j] = str(G[i][j]["weight"])
plt.figure()
nx.draw(G, pos=pos, with_labels=True, node_size=1000)
nx.draw_networkx_edge_labels(G, pos, edge_labels=edge_labels)
plt.show()
```

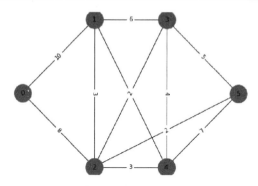

```
T = nx.gomory_hu_tree(G, capacity="weight")
```

```
edge_labels = {}
for (i, j) in T.edges():
    edge_labels[i, j] = str(T[i][j]["weight"])
plt.figure()
nx.draw(T, pos=pos, with_labels=True, node_size=1000)
nx.draw_networkx_edge_labels(G, pos, edge_labels=edge_labels)
plt.show()
```

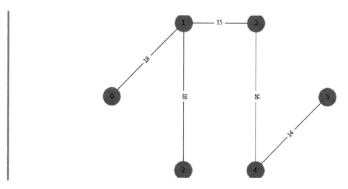

点 2 と 3 の間の最小カットを求め，確認する.

```
nx.minimum_cut_value(G, 2, 3, capacity="weight")
```

15

9 多品種流問題

- 多品種流問題に対する定式化

9.1 準備

```
import random
import math
from gurobipy import Model, quicksum, GRB, tuplelist, multidict
# from mypulp import Model, quicksum, GRB, tuplelist, multidict
import networkx as nx
import matplotlib.pyplot as plt
import plotly
```

関連動画▶

9.2 多品種流問題

最小費用流問題の拡張として，複数の異なる「もの」のフローを扱う**多品種流問題**（multi-commodity flow problem）を考えよう．

ネットワーク上を流す必要がある異なる「もの」を**品種**（commodity）とよぶ．品種は，始点と終点をもち，決められた量を始点から終点まで運ぶ必要があるものとする．さて，これらの品種に対して，別々に容量制約が与えられている場合には，品種ごとに前節の最小費用流問題を解けば済む．ここでは，自然な拡張として，品種の流量の和が，枝の容量以下であるという条件を課すものとする．

■ 9.2.1 多品種流問題

> n 個の点から構成される点集合 V および m 本の枝から構成される枝集合 E, 品種集合 K,
> V および E からなる有向グラフ $G = (V, E)$, 品種ごとに枝上に定義されるフロー 1 単位
> あたりの費用関数 $c : E \times K \to \mathbf{R}$, 枝上に定義される非負の容量関数 $u : E \to \mathbf{R}_+ \cup \{\infty\}$,
> 品種 $k(\in K)$ の始点 s_k, 終点 t_k, 品種の需要量関数 $b : K \to \mathbf{R}$ が与えられたとき, 「実
> 行可能フロー」で, 費用の合計が最小になるものを求めよ.

多品種流問題における実行可能フローとは, フロー整合条件, 容量制約, ならびに
非負制約を満たすフローである. 正確に言うと, 多品種の実行可能フローとは, 実数
値関数 $x : E \times K \to \mathbf{R}$ で, 以下の性質を満たすものを指す.

- フロー整合条件:

$$\sum_{j:ji\in E} x_{ji}^k - \sum_{j:ij\in E} x_{ij}^k = \begin{cases} -b_k & i = s_k \\ 0 & \forall i \in V \setminus \{s_k, t_k\}, \forall k \in K \\ b_k & i = t_k \end{cases}$$

- 容量制約:

$$\sum_{k\in K} x_e^k \leq u_e \quad \forall e \in E$$

- 非負制約:

$$x_e^k \geq 0 \quad \forall e \in E, k \in K$$

上の定義では, 品種は分割して運んでも良いものと仮定した. このことを強調するた
めに, 上の問題は**小数多品種流問題** (fractional multi-commodity flow problem) とよば
れることもある. 小数多品種流問題は, 線形最適化問題の特殊形であるので, 多項式
時間で解くことができる.

一方, 分割を許さない多品種フロー問題は, **整数多品種流問題** (integer multi-commodity
flow problem) とよばれ, 品種数が 2 で容量がすべて 1 の場合でも *NP*-困難になるこ
とが知られている.

多品種流問題は, 無向グラフ $G = (V, E)$ でも自然に定義できる. 無向グラフの場合
には, 枝 $e = ij$ 上の容量制約は以下のように変更される.

$$\sum_{k\in K} \left(x_{ij}^k + x_{ji}^k \right) \leq u_e \quad \forall e \in E$$

これは, i から j に流れるフローと j から i に流れるフローの和が, 枝 ij の容量を超
えないことを表す.

上の制約の下で, 費用の合計 $\sum_{k \in K} \sum_{e \in E} c_e^k x_e^k$ を最小化する.

```
m, n = 3, 3
cost_lb, cost_ub = 10, 10
cap_lb, cap_ub = 150, 150
```

```
demand_lb, demand_ub = 10, 30
G = nx.grid_2d_graph(m, n)
D = G.to_directed()
for (i, j) in D.edges():
    D[i][j]["cost"] = random.randint(cost_lb, cost_ub)
    D[i][j]["capacity"] = random.randint(cap_lb, cap_ub)
pos = {(i, j): (i, j) for (i, j) in G.nodes()}
b = {}
K = []
for i in D.nodes():
    for j in D.nodes():
        if i != j:
            K.append((i, j))
            b[i, j] = random.randint(demand_lb, demand_ub)
```

```
V = set(D.nodes())
E = set(D.edges())

model = Model("multi-commodity flow")
x = {}
for k in K:
    for (i, j) in E:
        x[i, j, k] = model.addVar(vtype="C", name=f"x(i,j,k)")
model.update()

for i in V:
    for k in K:
        if i == k[0]:
            model.addConstr(
                quicksum(x[j, i, k] for j in V - {i} if (j, i) in E)
                - quicksum(x[i, j, k] for j in V - {i} if (i, j) in E)
                == -b[k]
            )
        elif i == k[1]:
            model.addConstr(
                quicksum(x[j, i, k] for j in V - {i} if (j, i) in E)
                - quicksum(x[i, j, k] for j in V - {i} if (i, j) in E)
                == b[k]
            )
        else:
            model.addConstr(
                quicksum(x[j, i, k] for j in V - {i} if (j, i) in E)
                - quicksum(x[i, j, k] for j in V - {i} if (i, j) in E)
                == 0
            )

# Capacity constraints
for (i, j) in E:
    model.addConstr(
```

```
        quicksum(x[i, j, k] for k in K) <= D[i][j]["capacity"], f"Capacity({i},{j})"
    )

# Objective:
model.setObjective(
    quicksum(D[i][j]["cost"] * x[i, j, k] for (i, j, k) in x), GRB.MINIMIZE
)
model.optimize()
```

```
... (略) ...

Solved in 248 iterations and 0.01 seconds
Optimal objective  2.849000000e+04
```

```
flow = {}
for (i, j) in E:
    flow[i, j] = sum(x[i, j, k].X for k in K)

plt.figure()
nx.draw(D, pos=pos, with_labels=True, node_size=1000, node_color="yellow")
edge_labels = {}
for (i, j) in G.edges():
    edge_labels[i, j] = f"{flow[i,j]} \n{flow[j,i]}"
nx.draw_networkx_edge_labels(D, pos, edge_labels=edge_labels)
plt.show()
```

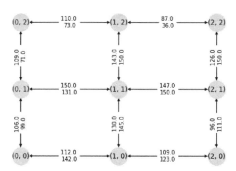

9.3　多品種輸送問題

　今度は，複数の製品（これを品種とよぶ）を運ぶための輸送問題の拡張を考える．

　いま，複数の製品を工場から顧客へ輸送することを考える．ただし，製品によって重量が異なるため輸送費用が変わってくるものと仮定する．この問題は，**多品種輸送**

問題（multi-commodity transportation problem）とよばれる.

定式化に必要な記号は，輸送問題とほとんど同じであるので，相違点のみ定義しておく. 製品（品種）の集合を K とする. 工場 j から顧客 i に製品 k が輸送される量を表す連続変数 x_{ijk} を導入する.

顧客 i における製品 k の需要量を d_{ik}，顧客 i と施設 j 間に製品 k の1単位の需要が移動するときにかかる輸送費用を c_{ijk} とする.

上の記号を用いると，多品種輸送問題は以下のように定式化できる.

$$\begin{aligned} minimize \quad & \sum_{i\in I}\sum_{j\in J}\sum_{k\in K} c_{ijk}x_{ijk} \\ s.t. \quad & \sum_{j\in J} x_{ijk} = d_{ik} && \forall i \in I, k \in K \\ & \sum_{i\in I}\sum_{k\in K} x_{ijk} \le M_j && \forall j \in J \\ & x_{ijk} \ge 0 && \forall i \in I, j \in J, k \in K \end{aligned}$$

最初の制約は，各製品ごとに需要が満たされることを表し，2番目の制約は，工場で生産されるすべての製品の合計量が，工場の容量を超えないことを表す.

```
def mctransp(I, J, K, c, d, M):
    """mctransp -- model for solving the Multi-commodity Transportation Problem
    Parameters:
        - I: set of customers
        - J: set of facilities
        - K: set of commodities
        - c[i,j,k]: unit transportation cost on arc (i,j) for commodity k
        - d[i][k]: demand for commodity k at node i
        - M[j]: capacity
    Returns a model, ready to be solved.
    """

    model = Model("multi-commodity transportation")

    # Create variables
    x = {}
    for (i, j, k) in c:
        x[i, j, k] = model.addVar(vtype="C", name=f"x({i},{j},{k})")
    model.update()

    arcs = tuplelist([(i, j, k) for (i, j, k) in x])

    # Demand constraints
    for i in I:
        for k in K:
            model.addConstr(
                quicksum(x[i, j, k] for (i, j, k) in arcs.select(i, "*", k)) == d[i, k],
                f"Demand(i,k)",
```

```
        )

    # Capacity constraints
    for j in J:
        model.addConstr(
            quicksum(x[i, j, k] for (i, j, k) in arcs.select("*", j, "*")) <= M[j],
            f"Capacity(j)",
        )

    # Objective:
    model.setObjective(
        quicksum(c[i, j, k] * x[i, j, k] for (i, j, k) in x), GRB.MINIMIZE
    )

    model.update()
    model.__data = x
    return model


def make_inst1():
    d = {
        (1, 1): 80,
        (1, 2): 85,
        (1, 3): 300,
        (1, 4): 6,   # {customer: {commodity:demand <float>}}
        (2, 1): 270,
        (2, 2): 160,
        (2, 3): 400,
        (2, 4): 7,
        (3, 1): 250,
        (3, 2): 130,
        (3, 3): 350,
        (3, 4): 4,
        (4, 1): 160,
        (4, 2): 60,
        (4, 3): 200,
        (4, 4): 3,
        (5, 1): 180,
        (5, 2): 40,
        (5, 3): 150,
        (5, 4): 5,
    }
    I = set([i for (i, k) in d])
    K = set([k for (i, k) in d])
    J, M = multidict({1: 3000, 2: 3000, 3: 3000})  # capacity

    produce = {
        1: [2, 4],
        2: [1, 2, 3],
        3: [2, 3, 4],
```

```
    }   # products that can be produced in each facility
    weight = {1: 5, 2: 2, 3: 3, 4: 4}   # {commodity: weight<float>}
    cost = {
        (1, 1): 4,
        (1, 2): 6,
        (1, 3): 9,   # {(customer,factory): cost<float>}
        (2, 1): 5,
        (2, 2): 4,
        (2, 3): 7,
        (3, 1): 6,
        (3, 2): 3,
        (3, 3): 4,
        (4, 1): 8,
        (4, 2): 5,
        (4, 3): 3,
        (5, 1): 10,
        (5, 2): 8,
        (5, 3): 4,
    }
    c = {}
    for i in I:
        for j in J:
            for k in produce[j]:
                c[i, j, k] = cost[i, j] * weight[k]

    return I, J, K, c, d, M
```

```
I, J, K, c, d, M = make_inst1()
model = mctransp(I, J, K, c, d, M)
model.optimize()
print("Optimal value:", model.ObjVal)

EPS = 1.0e-6
x = model.__data
for (i, j, k) in x:
    if x[i, j, k].X > EPS:
        print(
            "sending %10s units of %3s from plant %3s to customer %3s"
            % (x[i, j, k].X, k, j, i)
        )
```

```
... (略) ...

Solved in 0 iterations and 0.01 seconds
Optimal objective  4.353600000e+04
Optimal value: 43536.0
sending        85.0 units of   2 from plant   1 to customer   1
sending         6.0 units of   4 from plant   1 to customer   1
```

```
sending      80.0 units of   1 from plant   2 to customer   1
sending     300.0 units of   3 from plant   2 to customer   1
sending       7.0 units of   4 from plant   1 to customer   2
sending     270.0 units of   1 from plant   2 to customer   2
sending     160.0 units of   2 from plant   2 to customer   2
sending     400.0 units of   3 from plant   2 to customer   2
sending     250.0 units of   1 from plant   2 to customer   3
sending     130.0 units of   2 from plant   2 to customer   3
sending     350.0 units of   3 from plant   2 to customer   3
sending       4.0 units of   4 from plant   3 to customer   3
sending     160.0 units of   1 from plant   2 to customer   4
sending      60.0 units of   2 from plant   3 to customer   4
sending     200.0 units of   3 from plant   3 to customer   4
sending       3.0 units of   4 from plant   3 to customer   4
sending     180.0 units of   1 from plant   2 to customer   5
sending      40.0 units of   2 from plant   3 to customer   5
sending     150.0 units of   3 from plant   3 to customer   5
sending       5.0 units of   4 from plant   3 to customer   5
```

9.4 多品種ネットワーク設計問題

多品種流問題に枝上の固定費用 $F : E \to \mathbf{R}_+$ をつけた問題を，**多品種ネットワーク設計問題**（multi-commodity network design problem）とよぶ．この問題は，NP-困難であり，しかも以下の通常の定式化だと小規模の問題例しか解けない．実務的には，パス型の定式化や列生成法を用いることが推奨される．

枝を使用するか否かを表す 0-1 変数を用いる．

- 目的関数：

$$\sum_{k \in K} \sum_{e \in E} c_e^k x_e^k + \sum_{e \in E} F_{ij} y_{ij}$$

- フロー整合条件：

$$\sum_{j:ji \in E} x_{ji}^k - \sum_{j:ij \in E} x_{ij}^k = \begin{cases} -b_k & i = s_k \\ 0 & \forall i \in V \setminus \{s_k, t_k\}, \forall k \in K \\ b_k & i = t_k \end{cases}$$

- 容量制約：

$$\sum_{k \in K} x_{ij}^k \le u_{ij} y_{ij} \quad \forall (i, j) \in E$$

- 非負制約：

$$x_e^k \ge 0 \quad \forall e \in E, k \in K$$

- 整数制約：

$$y_{ij} \in \{0, 1\} \quad \forall (i, j) \in E$$

```python
m, n = 4, 4
cost_lb, cost_ub = 10, 10
fixed_lb, fixed_ub = 1000, 1000
cap_lb, cap_ub = 1500, 1500
demand_lb, demand_ub = 10, 30
G = nx.grid_2d_graph(m, n)
D = G.to_directed()
for (i, j) in D.edges():
    D[i][j]["cost"] = random.randint(cost_lb, cost_ub)
    D[i][j]["fixed"] = random.randint(fixed_lb, fixed_ub)
    D[i][j]["capacity"] = random.randint(cap_lb, cap_ub)
pos = {(i, j): (i, j) for (i, j) in G.nodes()}
b = {}
K = []
for i in D.nodes():
    for j in D.nodes():
        if i != j:
            K.append((i, j))
            b[i, j] = random.randint(demand_lb, demand_ub)
```

```python
V = set(D.nodes())
E = set(D.edges())

model = Model("multi-commodity design")
x, y = {}, {}

for (i, j) in E:
    y[i, j] = model.addVar(vtype="B", name=f"y({i},{j})")
    for k in K:
        x[i, j, k] = model.addVar(vtype="C", name=f"x({i},{j},{k})")
model.update()

for i in V:
    for k in K:
        if i == k[0]:
            model.addConstr(
                quicksum(x[j, i, k] for j in V - {i} if (j, i) in E)
                - quicksum(x[i, j, k] for j in V - {i} if (i, j) in E)
                == -b[k]
            )
        elif i == k[1]:
            model.addConstr(
                quicksum(x[j, i, k] for j in V - {i} if (j, i) in E)
                - quicksum(x[i, j, k] for j in V - {i} if (i, j) in E)
                == b[k]
            )
        else:
```

```
            model.addConstr(
                quicksum(x[j, i, k] for j in V - {i} if (j, i) in E)
                - quicksum(x[i, j, k] for j in V - {i} if (i, j) in E)
                == 0
            )

# Capacity constraints
for (i, j) in E:
    model.addConstr(
        quicksum(x[i, j, k] for k in K) <= D[i][j]["capacity"] * y[i, j],
        f"Capacity({i},{j})",
    )

# Objective:
model.setObjective(
    quicksum(D[i][j]["cost"] * x[i, j, k] for (i, j, k) in x)
    + quicksum(D[i][j]["fixed"] * y[i, j] for (i, j) in y),
    GRB.MINIMIZE,
)
model.optimize()
```

```
... (略) ...

Cutting planes:
  Gomory: 8
  Cover: 4
  Implied bound: 96
  MIR: 5
  Flow cover: 989
  Flow path: 649

Explored 25 nodes (10923 simplex iterations) in 1.71 seconds (1.27 work units)
Thread count was 16 (of 16 available processors)

Solution count 9: 176370 176370 178550 ... 428990

Optimal solution found (tolerance 1.00e-04)
Best objective 1.763700000001e+05, best bound 1.763700000000e+05, gap 0.0000%
```

```
flow = {}
for (i, j) in E:
    flow[i, j] = int(sum(x[i, j, k].X for k in K))

plt.figure()
nx.draw(D, pos=pos, with_labels=True, node_size=1000, node_color="yellow")
edge_labels = {}
for (i, j) in G.edges():
    edge_labels[i, j] = f"{flow[i,j]} \n{flow[j,i]}"
```

```
nx.draw_networkx_edge_labels(D, pos, edge_labels=edge_labels)
path = []
for (i, j, k) in x:
    if k == ((0, 0), (n - 1, n - 1)):  # (0,0)から(3,3)へのパスを表示
        if x[i, j, k].X > 0.001:
            # print(i,j,k,x[i,j,k].X)
            path.append((i, j))
nx.draw_networkx_edges(G, pos, edgelist=path, width=10, edge_color="orange")
plt.show()
```

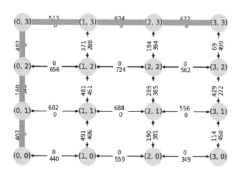

9.5　サービス・ネットワーク設計問題

　ロジスティクス・ネットワークが供給地点から需要地点への，一方向的な「もの」の
流れを扱うのに対して，サービス・ネットワークでは，発地と着地の間に輸送される，
多対多の「もの」の流れを扱う．ロジスティクス・ネットワークにおいては，顧客需
要の不確実性やサービス・レベルの要求などの条件を満たすために，ネットワーク内
の地点で在庫を適切に管理することが重要になる．それに対して，サービス・ネット
ワークにおいては，基本的には途中で在庫することなく，発地から着地へ「もの」が流
れていく．（ただし，輸送のタイミングをとるために，一時保管することは許される．）

　サービス・ネットワーク設計問題（consolidation transportation network design problem）
は，しばしば混載ネットワーク設計問題ともよばれる．しかし，我が国における実務
家の間では，「混載」という用語が「異なる種類の製品の積み合わせ」という意味で用
いられ，本モデルでは，同じ種類の製品の積み合わせが主な応用であるため，混乱を
避ける意味でサービス・ネットワーク設計問題とよぶことにする．ここで考えるモデ
ルでは，主に（郵便物や宅配便のように）発地・着地が異なる同じ種類の製品の積み
合わせを対象とする場合が多いが，異なる種類の製品の積み合わせ（いわゆる業界用
語での混載）への適用も可能である．

　配送計画は，比較的短距離の輸送を計画するためのモデルであるが，サービス・ネットワーク設計では比較的長距離の輸送を対象とする．そのため，途中での積み替えを考慮する必要が出てくる．これが，ここで考えるサービス・ネットワーク設計が，配送計画と異なったアプローチを必要とする理由である．配送計画においては，積み替えを考慮する必要がなかったので，運搬車の移動経路を求めれば，荷（品目）の移動は自動的に定まった．一方，サービス・ネットワーク設計においては，積み替えを考慮する必要があるので，運搬車の流れのみならず，荷の流れが意思決定項目となり，これによって問題の難しさが増大する．

　ここで考えるモデルは，実務から生まれたものであり，以下の仮定に基づく．

- **荷**（load）とは，地点間を移動させる「モノ」の総称である．ネットワーク理論では**品種**（commodity）とよばれるが，ここでは現実問題を想定していることを強調するために荷とよぶことにする．荷は，その移動によって利益を生む資源の総称である．荷が最初に出発する（最後に到着する）地点を荷の発地（着地）とよび，あらかじめ決められている．ネットワーク理論では，**発地**（source）は始点もしくは発生点，**着地**（sink, terminal）は終点もしくは集中点とよばれるが，以下では，発地，着地とよぶものとする．

- 荷は途中で分岐してはならない．言い換えれば，荷の発地から着地までの移動経路は，1本のパスでなければならない．

- 宅配便や郵便事業などへの応用では，さらに荷の移動に入木条件とよばれる制約が付加される．入木条件とは，着地が同じ荷のパスが合流したら，その後のパスは同じ経路にならなければならないことを規定する．これは，集荷した荷物を積み替え（ソーティング）する際に，現場でのオペレーションの簡便性のため，着地の情報だけを利用するためである．実際に，東京行きの荷物という荷の集まりは，様々な発地からの荷が集約されたものであり，これを発地別に分けて異なる方面行きの運搬車に積み替えることは（たとえそれによって費用が減少する可能性があっても）現実には行われないのである．

- 運搬車（トラック）の積載容量は既知であり，積載される荷量の合計は積載容量を超えない．

- 地点間の運搬車の移動費用は既知である．

- 中継地点での積替え費用は荷量によって定まり，既知である．

- 運搬車は出発地点に戻ってくる必要はない（この仮定を緩めるのは比較的容易である）．

　上のサービス・ネットワーク設計モデルに対して，数理最適化（ならびに制約最適化）ソルバーを利用した専用解法が構築できる．専用解法を組み込んだサービス・ネッ

トワーク最適化システムとして SENDO（`https://www.logopt.com/sendo`）が開発
されている.

10 グラフ分割問題

- グラフ分割問題に対する定式化とメタヒューリスティクス

10.1 準備

ここでは，付録 2 で準備したグラフに関する基本操作を集めたモジュール graph-tools.py を読み込んでいる．環境によって，モジュールファイルの場所は適宜変更されたい.

```
import random
import math
from gurobipy import Model, quicksum, GRB
# from mypulp import Model, quicksum, GRB
import networkx as nx
import pandas as pd

import sys
sys.path.append("..")
import opt100.graphtools as gts

Infinity = 1.0e10000  #非常に大きな数
LOG = False           #計算ログを出力するときTrue
```

関連動画

10.2 グラフ 2 分割問題

グラフ 2 分割問題（graph bipartition problem）は，以下のように定義される.

点数 $n = |V|$ が偶数である無向グラフ $G = (V, E)$ が与えられたとき，点集合 V の**等分割** (uniform partition, eqipartition) (L, R) とは，$L \cap R = \emptyset, L \cup R = V, |L| = |R| = n/2$ を満たす点の部分集合の対である.

L と R をまたいでいる枝（正確には $i \in L, j \in R$ もしくは $i \in R, j \in L$ を満たす枝 (i, j)）の本数を最小にする等分割 (L, R) を求める問題がグラフ 2 分割問題である.

一般には $k(> 2)$ 分割も考えられるが，ここでは $k = 2$ に絞って議論する.

問題を明確化するために，グラフ分割問題を整数最適化問題として定式化しておく. 無向グラフ $G = (V, E)$ に対して，$L \cap R = \emptyset$（共通部分がない），$L \cup R = V$（合わせると点集合全体になる）を満たす非順序対 (L, R) を **2 分割**（bipartition）とよぶ. 分割 (L, R) において，L は左側，R は右側を表すが，これらは逆にしても同じ分割であるので，非順序対とよばれる.

点 i が，分割 (L, R) の L 側に含まれているとき 1，それ以外の（R 側に含まれている）とき 0 の 0-1 変数 x_i を導入する. このとき，等分割であるためには，x_i の合計が $n/2$ である必要がある. 枝 (i, j) が L と R をまたいでいるときには，$x_i(1 - x_j)$ もしくは $(1 - x_i)x_j$ が 1 になることから，以下の定式化を得る.

$$minimize \quad \sum_{(i,j) \in E} x_i(1 - x_j) + (1 - x_i)x_j$$
$$s.t. \quad \sum_{i \in V} x_i = n/2$$
$$x_i \in \{0, 1\} \qquad \qquad \forall i \in V$$

数理最適化ソルバーの多くは，上のように凸でない 2 次の項を目的関数に含んだ最小化問題には対応していない. したがって，一般的な（混合）整数最適化ソルバーで求解するためには，2 次の項を線形関数に変形してから解く必要がある.

枝 (i, j) が L と R をまたいでいるとき 1，それ以外のとき 0 になる 0-1 変数 y_{ij} を導入する. すると，上の 2 次整数最適化問題は，以下の線形整数最適化に帰着される.

$$minimize \quad \sum_{(i,j) \in E} y_{ij}$$
$$s.t. \quad \sum_{i \in V} x_i = n/2$$
$$x_i - x_j \leq y_{ij} \quad \forall(i, j) \in E$$
$$x_j - x_i \leq y_{ij} \quad \forall(i, j) \in E$$
$$x_i \in \{0, 1\} \quad \forall i \in V$$
$$y_{ij} \in \{0, 1\} \quad \forall(i, j) \in E$$

最初の制約は等分割を規定する. 2 番目の制約は，$i \in L$ で $j \notin L$ のとき $y_{ij} = 1$ になることを規定する. 3 番目の制約は，$j \in L$ で $i \notin L$ のとき $y_{ij} = 1$ になることを規定する.

上の定式化を行う関数を以下に示す.

```
def make_data(n, prob):
    """make_data: prepare data for a random graph
```

```
    Parameters:
        - n: number of vertices
        - prob: probability of existence of an edge, for each pair of vertices
    Returns a tuple with a list of vertices and a list edges.
    """
    V = range(1, n + 1)
    E = [(i, j) for i in V for j in V if i < j and random.random() < prob]
    return V, E
```

```
def gpp(V, E):
    """gpp -- model for the graph partitioning problem
    Parameters:
        - V: set/list of nodes in the graph
        - E: set/list of edges in the graph
    Returns a model, ready to be solved.
    """
    model = Model("gpp")
    x = {}
    y = {}
    for i in V:
        x[i] = model.addVar(vtype="B", name="x(%s)" % i)
    for (i, j) in E:
        y[i, j] = model.addVar(vtype="B", name="y(%s,%s)" % (i, j))
    model.update()

    model.addConstr(quicksum(x[i] for i in V) == len(V) / 2, "Partition")

    for (i, j) in E:
        model.addConstr(x[i] - x[j] <= y[i, j], "Edge(%s,%s)" % (i, j))
        model.addConstr(x[j] - x[i] <= y[i, j], "Edge(%s,%s)" % (j, i))

    model.setObjective(quicksum(y[i, j] for (i, j) in E), GRB.MINIMIZE)

    model.update()
    model.__data = x, y
    return model
```

```
V, E = make_data(10, 0.4)
model = gpp(V, E)
model.optimize()
print("Opt.value=", model.ObjVal)
x, y = model.__data
L = [i for i in V if x[i].X >= 0.5]
R = [i for i in V if x[i].X < 0.5]
```

```
... (略) ...

Cutting planes:
```

```
Gomory: 3
MIR: 5
Zero half: 2
RLT: 10

Explored 1 nodes (53 simplex iterations) in 0.02 seconds
Thread count was 16 (of 16 available processors)

Solution count 3: 6 8 11

Optimal solution found (tolerance 1.00e-04)
Best objective 6.000000000000e+00, best bound 6.000000000000e+00, gap 0.0000%
Opt.value= 6.0
```

```
G = nx.Graph()
G.add_edges_from(E)
pos = nx.layout.spring_layout(G)
nx.draw(G, pos=pos, with_labels=True, node_size=500, node_color="yellow", nodelist=L)
edgelist = [(i, j) for (i, j) in E if (i in L and j in R) or (i in R and j in L)]
nx.draw(
    G,
    pos=pos,
    with_labels=False,
    node_size=500,
    nodelist=R,
    node_color="Orange",
    edgelist=edgelist,
    edge_color="red",
)
```

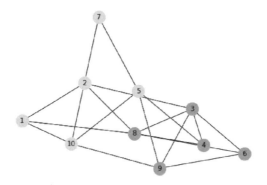

■ 10.2.1 タブーサーチ

タブーサーチ (tabu search) は，Glover によって提案されたメタヒューリスティクスであり，グラフ分割問題に対しては，点を L から R に，R から L に移す簡単な近傍

をもとに設計できる. 一度移動させた点は, しばらく移動させないことによって, 同じ解に戻らないようにすることが, タブー (禁断) の名前の由来である.

以下のメタヒューリスティクスの詳細については, 拙著『メタヒューリスティクスの数理』(共立出版) を参照されたい.

```python
def construct(nodes):
    """A simple construction method.

    The solution is represented by a vector:
     - sol[i]=0 - node i is in partition 0
     - sol[i]=1 - node i is in partition 1
    """
    indices = list(nodes)
    random.shuffle(indices)
    sol = [0 for i in nodes]
    for i in range(int(len(nodes) / 2)):
        sol[indices[i]] = 1
    return sol


def evaluate(nodes, adj, sol, alpha=0.0):
    """Evaluate a solution.

    Input:
     - nodes, adj - the instance's graph
     - sol - the solution to evaluate
     - alpha - a penalty for imbalanced solutions

    Determines:
     - the cost of a solution, i.e., the number of edges going
       from one partition to the other;
     - bal - balance, i.e., the number of vertices in excess in partition 0
     - s[i] - number of edges adjacent to i in the same partition;
     - d[i] - number of edges adjacent to i in a different partition.
    """
    s = [0 for i in nodes]
    d = [0 for i in nodes]

    bal = 0
    for i in nodes:
        if sol[i] == 0:
            bal += 1
        else:
            bal -= 1
        for j in adj[i]:
            if sol[i] == sol[j]:
                s[i] += 1
            else:
                d[i] += 1
```

```
    cost = 0
    for i in nodes:
        cost += d[i]
    cost /= 2
    cost += alpha * abs(bal)

    return cost, bal, s, d


def find_move_rnd(part, nodes, adj, sol, s, d, tabu, tabulen, iteration):
    """Probabilistically find the best non-tabu move into partition type 'part'."""
    mindelta = Infinity
    istar = None
    cand = []
    for i in nodes:
        if sol[i] != part:  # check if making sol[i] = part improves solution
            # if tabu[i] <= iteration:
            if random.random() > float(tabu[i] - iteration) / tabulen:
                delta = s[i] - d[i]
                if delta < mindelta:
                    mindelta = delta
                    istar = i
                    cand = [(i, delta)]
                elif delta == mindelta:
                    cand.append((i, delta))
    if cand != []:
        return random.choice(cand)

    # there are no non-tabu moves, clear tabu list
    print("blocked, no non-tabu move")
    tabu = [0 for i in nodes]
    return find_move_rnd(part, nodes, adj, sol, s, d, tabu, tabulen, iteration)


def find_move(part, nodes, adj, sol, s, d, tabu, tabulen, iteration):
    """Find the best non-tabu move into partition type 'part'."""
    mindelta = Infinity
    istar = None
    for i in nodes:
        if sol[i] != part:  # check if making sol[i] = part improves solution
            if tabu[i] <= iteration:
                delta = s[i] - d[i]
                if delta < mindelta:
                    mindelta = delta
                    istar = i
    if istar != None:
        return istar, mindelta

    print("blocked, no non-tabu move")
```

```
    tabu = [0 for i in nodes]
    return find_move(part, nodes, adj, sol, s, d, tabu, tabulen, iteration)


def move(part, nodes, adj, sol, s, d, tabu, tabulen, iteration):
    """Determine and execute the best non-tabu move."""

    # find the best move
    # i, delta = find_move(part, nodes, adj, sol, s, d, tabu, tabulen, iteration)
    i, delta = find_move_rnd(part, nodes, adj, sol, s, d, tabu, tabulen, iteration)

    sol[i] = part
    tabu[i] = iteration + tabulen
    # tabu[i] = iteration + randint(1,tabulen) # another possibility

    # update cost structure for node i
    s[i], d[i] = d[i], s[i]   # i swaped partitions, so swap s and d
    for j in adj[i]:
        if sol[j] != part:
            s[j] -= 1
            d[j] += 1
        else:
            s[j] += 1
            d[j] -= 1
    return delta


def tabu_search(nodes, adj, sol, max_iter, tabulen, report=None):
    """Execute a tabu search run."""
    assert (
        len(nodes) % 2 == 0
    )  # graph partitioning is only for graphs with an even number of nodes
    cost, _, s, d = evaluate(nodes, adj, sol)
    tabu = [0 for i in nodes]  # iteration up to which node 'i' is tabu

    bestcost = Infinity
    for it in range(max_iter):
        if LOG:
            print("tabu search, iteration", it)
            print("initial sol:      ", sol)
        cost += move(1, nodes, adj, sol, s, d, tabu, tabulen, it)
        if LOG:
            print("intermediate sol:", sol)
        cost += move(0, nodes, adj, sol, s, d, tabu, tabulen, it)
        if LOG:
            print("completed sol:    ", sol)

        if cost < bestcost:
            bestcost = cost
            bestsol = list(sol)
```

```
            if report:
                report(bestcost, "it:%d" % it)

    if report:
        report(bestcost, "it:%d" % it)

    return bestsol, bestcost
```

```
rndseed = 2
random.seed(rndseed)
n = 100
pos = {i: (random.random(), random.random()) for i in range(n)}
G = nx.random_geometric_graph(n, 0.2, pos=pos)

nodes = G.nodes()
adj = [set([]) for i in nodes]
for (i, j) in G.edges():
    adj[i].add(j)
    adj[j].add(i)

max_iterations = 1000
tabulen = len(nodes) / 2

sol = construct(nodes)
z, _, s, d = evaluate(nodes, adj, sol)
print("initial partition: z =", z)
print(sol)
print()
print("starting tabu search,", max_iterations, "iterations, tabu length =", tabulen)
sol, cost = tabu_search(nodes, adj, sol, max_iterations, tabulen)
print("final solution: z=", cost)
print(sol)
```

```
initial partition: z = 239.0
[0, 1, 0, 0, 1, 0, 1, 0, 0, 0, 1, 1, 0, 0, 0, 1, 0, 1, 1, 1, 1, 0, 0, 1, 0, 0, 0, ↵
1, 0, 1, 1, 1, 1, 1, 1, 1, 0, 0, 1, 0, 1, 0, 1, 1, 1, 1, 0, 0, 0, 1, 0, 1, 0, 1, 1, ↵
 0, 0, 0, 1, 0, 1, 1, 0, 1, 1, 1, 1, 1, 1, 1, 1, 0, 0, 1, 1, 0, 0, 1, 0, 0, 0, 0, ↵
1, 0, 0, 1, 0, 0, 0, 1, 1, 0, 0, 0, 0, 0, 0, 1, 1, 1]

starting tabu search, 1000 iterations, tabu length = 50.0
final solution: z= 31.0
[1, 0, 1, 0, 1, 0, 1, 1, 1, 0, 0, 0, 1, 1, 0, 0, 1, 0, 1, 1, 1, 1, 0, 1, 1, 1, 1, ↵
1, 0, 1, 0, 0, 0, 0, 0, 1, 1, 1, 0, 1, 0, 1, 0, 0, 0, 1, 0, 0, 1, 1, 0, 1, 1, 1, 0, ↵
 0, 1, 0, 0, 0, 1, 0, 0, 1, 1, 1, 0, 0, 0, 0, 1, 0, 0, 1, 0, 0, 0, 1, 1, 1, 0, 1, ↵
1, 0, 1, 0, 0, 0, 0, 0, 1, 1, 1, 1, 1, 1, 0, 1, 0, 0, 1]
```

```
L = [i for i in nodes if sol[i] == 1]
R = [i for i in nodes if sol[i] == 0]
edgelist = [
```

```
    (i, j) for (i, j) in G.edges() if (i in L and j in R) or (i in R and j in L)
]
nx.draw(G, pos=pos, with_labels=False, node_size=100, node_color="yellow", nodelist=L)
nx.draw(
    G,
    pos=pos,
    with_labels=False,
    node_size=100,
    nodelist=R,
    node_color="Orange",
    edgelist=edgelist,
    edge_color="red",
)
```

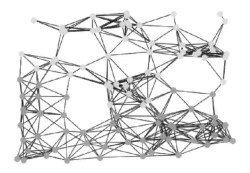

■ 10.2.2 アニーリング法

ランダム性を用いて局所的最適解からの脱出を試みるメタヒューリスティクスの代表例としてアニーリング法 (simulated annealing method) がある．この解法の土台は，1953年に Metropolis–Rosenbluth–Rosenbluth–Teller–Teller によって築かれたものであり，何度も再発見されている．そのため，様々な別名をもつ．一部を紹介すると，モンテカルロ焼なまし法（Monte Carlo annealing），確率的丘登り法（probabilistic hill climbing），統計的冷却法（statistical cooling），確率的緩和法（stochastic relaxation），Metropolis アルゴリズム（Metropolis algorithm）などがある．

アニーリング法の特徴は，温度とよばれるパラメータを徐々に小さくしていくことによって，改悪の確率を 0 に近づけていくことである．以下では，分割の非均衡度 $|L| - |R|$ をペナルティとしたアニーリング法を示す．

```
def find_move_rnd_sa(n, sol, alpha, s, d, bal):
    """Find a random node to move from one part into the other. For simulated ↵
    annealing."""

    istar = random.randint(0, n - 1)
```

```
    part = sol[istar]
    if (
        part == 0 and bal > 0 or part == 1 and bal < 0
    ):  # moving into the small partition
        penalty = -2 * alpha
    else:
        penalty = 2 * alpha

    delta = s[istar] - d[istar] + penalty
    return istar, delta


def update_move(adj, sol, s, d, bal, istar):
    """Execute the chosen move."""

    part = sol[istar]
    sol[istar] = 1 - part  # change the partition for the chosen node

    # update cost structure for node istar
    s[istar], d[istar] = d[istar], s[istar]  # istar swaped partitions, so swap s and d
    for j in adj[istar]:
        if sol[j] == part:
            s[j] -= 1
            d[j] += 1
        else:
            s[j] += 1
            d[j] -= 1

    # update balance information
    if part == 0:
        bal -= 2
    else:
        bal += 2
    return bal


def metropolis(T, delta):
    "Metropolis criterion for new configuration acceptance"
    if delta <= 0 or random.random() <= math.exp(-(delta) / T):
        return True
    else:
        return False


def estimate_temperature(n, sol, s, d, bal, X0, alpha):
    """Estimate initial temperature:
    check empirically based on a series of 'ntrials', that the estimated
    temperature leads to a rate 'X0'% acceptance:
    """

    ntrials = 10 * len(sol)
    nsucc = 0
    deltaZ = 0.0
    for i in range(0, ntrials):
        istar, delta = find_move_rnd_sa(n, sol, alpha, s, d, bal)
```

```
        if delta > 0:
            nsucc += 1
            deltaZ += delta

    if nsucc != 0:
        deltaZ /= nsucc

    # temperature approximation based on deltaZ
    # (average difference on the non-improving objectives)
    T = -deltaZ / math.log(X0)
    if LOG:
        print("initial acceptance rate:", X0)
        print("initial temperature:", T)
        print()
    return T


def annealing(
    nodes, adj, sol, initprob, L, tempfactor, freezelim, minpercent, alpha, report
):
    """Simulated annealing for the graph partitioning problem

    Parameters:
     * nodes, adj - graph definition
     * sol - initial solution
     * initprob - initial acceptance rate
     * L - number of tentatives at each temperature
     * tempfactor - cooling ratio
     * freezelim - max number of iterations with less that minpercent acceptances
     * minpercent - percentage of accepted moves for being not frozen
     * report - function used for output of best found solutions
    """
    n = len(nodes)
    z, bal, s, d = evaluate(nodes, adj, sol, alpha)
    if bal == 0:  # partition is balanced
        solstar, zstar = list(sol), z  # best solution found so far
        if report:
            report(zstar)

    T = estimate_temperature(n, sol, s, d, bal, initprob, alpha)
    if LOG:
        print("initial temp:", T, " current objective:", z, "(bal = %d)" % bal)
        print("current solution:", sol)
        print()

    if T == 0:  # frozen, return imediately
        print("Could not determine initial temperature, giving up")
        exit(-1)

    nfrozen = 0  # count frozen iterations
    while nfrozen < freezelim:
        changes, trials = 0, 0
        while trials < L:
            trials += 1
            istar, delta = find_move_rnd_sa(n, sol, alpha, s, d, bal)
```

```
            if metropolis(T, delta):
                changes += 1

                if LOG:
                    print("accepted move on index %d, with delta=%g" % (istar, delta))

                bal = update_move(adj, sol, s, d, bal, istar)
                z += delta

                if bal == 0:  # partition is balanced
                    if z < zstar:  # best solution found so far
                        solstar, zstar = list(sol), z
                        nfrozen = 0
                        if report:
                            report(zstar)

                if LOG:
                    print("temp:", T, " current objective:", z, "(bal = %d)" % bal)
                    print(
                        "%d changes, frozen = %d/%d"
                        % (changes, nfrozen + 1, freezelim),
                        "tentative = %d/%d" % (trials, L),
                    )
                    print("current solution:", sol)
                    print()

                    # # check if there was some error on cost evaluation:
                    # zp,balp,sp,dp = evaluate(nodes, adj, sol, alpha)
                    # assert balp == bal
                    # assert abs(zp-z) < 1.e-9     # floating point approx.equality

        T *= tempfactor  # decrease temperature
        if float(changes) / trials < minpercent:
            nfrozen += 1

    if report:
        report(zstar)
    return solstar, zstar
```

```
# david johnson's default values
initprob = 0.4  # initial acceptance probability
sizefactor = 16  # for det. # tentatives at each temp.
tempfactor = 0.95  # cooling ratio
freezelim = 5  # max number of iterations with less that minpercent acceptances
minpercent = 0.02  # fraction of accepted moves for being not frozen
alpha = 3.0  # imballance factor
N = len(nodes)  # neighborhood size
L = N * sizefactor  # number of tentatives at current temperature

print("starting simulated annealing, parameters:")
print("   initial acceptance probability", initprob)
print("   cooling ratio", tempfactor)
print("   # tentatives at each temp.", L)
print("   percentage of accepted moves for being not frozen", minpercent)
```

```
print("   max # of it.with less that minpercent acceptances", freezelim)
print("   imballance factor", alpha)
print()
sol = construct(nodes)  # starting solution
z, bal, s, d = evaluate(nodes, adj, sol, alpha)
print("initial partition: z =", z)
print(sol)
print()

LOG = False
sol, z = annealing(
    nodes, adj, sol, initprob, L, tempfactor, freezelim, minpercent, alpha,
    report=False
)
zp, bal, sp, dp = evaluate(nodes, adj, sol, alpha)
assert abs(zp - z) < 1.0e-9  # floating point approx.equality

print()
print("final solution: z=", z)
print(sol)
```

```
starting simulated annealing, parameters:
   initial acceptance probability 0.4
   cooling ratio 0.95
   # tentatives at each temp. 1600
   percentage of accepted moves for being not frozen 0.02
   max # of it.with less that minpercent acceptances 5
   imballance factor 3.0

initial partition: z = 238.0
[0, 1, 0, 1, 0, 1, 0, 0, 0, 1, 1, 1, 0, 1, 0, 1, 1, 0, 0, 1, 1, 0, 0, 1, 1, 1, 1, ↩
1, 0, 0, 0, 1, 0, 0, 1, 1, 1, 0, 0, 0, 1, 1, 0, 0, 1, 1, 0, 0, 0, 0, 1, 1, 1, 0, 0,↩
 0, 0, 0, 1, 1, 1, 1, 1, 0, 0, 0, 1, 0, 1, 0, 0, 1, 0, 1, 0, 1, 1, 1, 0, 0, 0, 0, ↩
1, 0, 1, 0, 1, 1, 1, 1, 0, 1, 0, 0, 1, 1, 0, 0, 1, 1]


final solution: z= 33.0
[0, 0, 0, 1, 1, 1, 1, 0, 0, 1, 0, 1, 0, 1, 1, 1, 0, 1, 0, 0, 0, 0, 1, 0, 1, 0, 0, ↩
0, 1, 0, 1, 0, 1, 1, 1, 0, 1, 1, 1, 0, 1, 0, 1, 1, 1, 0, 0, 1, 0, 1, 0, 0, 0, 0, 0,↩
 1, 0, 1, 1, 0, 0, 0, 0, 0, 0, 0, 1, 1, 0, 1, 1, 1, 1, 1, 1, 0, 0, 0, 0, 0, 1, 1, 1, ↩
0, 1, 1, 0, 1, 1, 0, 1, 1, 1, 0, 1, 1, 1, 0, 1, 0]
```

```
L = [i for i in nodes if sol[i] == 1]
R = [i for i in nodes if sol[i] == 0]
edgelist = [
    (i, j) for (i, j) in G.edges() if (i in L and j in R) or (i in R and j in L)
]
nx.draw(G, pos=pos, with_labels=False, node_size=100, node_color="yellow", nodelist=L)
nx.draw(
```

```
    G,
    pos=pos,
    with_labels=False,
    node_size=100,
    nodelist=R,
    node_color="Orange",
    edgelist=edgelist,
    edge_color="red",
)
```

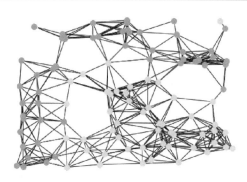

■ 10.2.3 集中化と多様化を入れたタブーサーチ

　良いメタヒューリスティクスを設計するためのコツは，集中化と多様化の両者をバランス良く組み込むことである．ここで集中化（intensification）とは，良い解のまわりを集中して探索することであり，多様化（diversification）とは，まだ探していない解を探索することである．

　集中化と多様化を加味したタブーサーチを以下に示す．

```python
def diversify(sol, nodes):
    """Diversify: keep a part of the solution with random size.

    The solution is represented by a vector:
      - sol[i]=0 - node i is in partition 0
      - sol[i]=1 - node i is in partition 1
    """
    ind1 = [i for i in nodes if sol[i] == 1]
    ind0 = [i for i in nodes if sol[i] == 0]
    random.shuffle(ind1)
    random.shuffle(ind0)

    n = len(sol) // 2
    start = int(random.random() * n)
    for i in range(start, n):
        bit = int(random.random() + 0.5)
```

```
            sol[ind0[i]] = bit
            sol[ind1[i]] = 1 - bit


def ts_intens_divers(nodes, adj, sol, max_iter, tabulen, report):
    """Execute a tabu search run, with intensification/diversification."""
    assert (
        len(nodes) % 2 == 0
    )  # graph partitioning is only for graphs with an even number of nodes
    cost, _, s, d = evaluate(nodes, adj, sol)
    tabu = [0 for i in nodes]

    bestcost = Infinity
    lastcost = Infinity
    D = 1
    count = 0
    for it in range(max_iter):
        if LOG:
            print("tabu search, iteration", it)
            print("initial sol:     ", sol)
        cost += move(1, nodes, adj, sol, s, d, tabu, tabulen, it)
        if LOG:
            print("intermediate sol:", sol)
        cost += move(0, nodes, adj, sol, s, d, tabu, tabulen, it)
        if LOG:
            print("completed sol:   ", sol)

        if cost < bestcost:
            bestcost = cost
            bestsol = list(sol)
            if report:
                report(bestcost, "it:%d" % it)
            if LOG:
                print("*** intensifying ***")
            tabu = [0 for i in nodes]
            count = 0
        elif cost < lastcost:
            count = 0
        else:
            count += 1

        if count > D:
            count = 0
            if LOG:
                print("*** diversifying ***")
            tabu = [0 for i in nodes]
            sol = list(bestsol)
            diversify(sol, nodes)
            cost, _, s, d = evaluate(nodes, adj, sol)
            D += 1
```

```
    if LOG:
        print(
            count, D, "iteration", it, "cost", cost, "/ best:", bestcost
        ) # , "\t", sol
    lastcost = cost
return bestsol, bestcost
```

```
sol = construct(nodes)
print("initial partition: z =", z)
print(sol)
print()
print("starting tabu search,", max_iterations, "iterations, tabu length =", tabulen)
sol, cost = ts_intens_divers(nodes, adj, sol, max_iterations, tabulen, report=False)
print("final solution: z=", cost)
print(sol)
```

```
initial partition: z = 33.0
[0, 1, 0, 1, 0, 0, 1, 1, 0, 1, 0, 1, 1, 1, 0, 0, 1, 1, 0, 1, 0, 1, 1, 1, 1, 0, 0, ↩
1, 1, 0, 0, 1, 1, 0, 1, 1, 0, 0, 0, 0, 0, 0, 0, 1, 0, 0, 1, 0, 1, 0, 0, 1, 1, 1, 1,↩
 1, 0, 1, 1, 1, 1, 1, 0, 0, 0, 0, 0, 1, 0, 1, 1, 0, 1, 0, 1, 1, 0, 0, 0, 1, 1, 0, ↩
0, 0, 1, 0, 0, 1, 0, 1, 1, 0, 0, 1, 1, 0, 0, 1, 1, 0]

starting tabu search, 1000 iterations, tabu length = 50.0
final solution: z= 31.0
[1, 0, 0, 1, 1, 1, 1, 0, 0, 1, 0, 1, 0, 1, 1, 1, 0, 1, 0, 0, 0, 0, 1, 0, 1, 0, 0, ↩
0, 1, 0, 1, 0, 1, 1, 1, 0, 1, 1, 1, 0, 1, 0, 1, 1, 1, 0, 0, 1, 0, 1, 0, 0, 0, 0, 0,↩
 1, 0, 1, 1, 0, 0, 0, 0, 0, 0, 0, 1, 1, 0, 1, 1, 1, 1, 1, 0, 0, 0, 0, 0, 1, 0, 1, ↩
0, 1, 1, 0, 1, 1, 0, 1, 1, 1, 0, 0, 1, 1, 1, 0, 1, 0]
```

```
L = [i for i in nodes if sol[i] == 1]
R = [i for i in nodes if sol[i] == 0]
edgelist = [
    (i, j) for (i, j) in G.edges() if (i in L and j in R) or (i in R and j in L)
]
nx.draw(G, pos=pos, with_labels=False, node_size=100, node_color="yellow", nodelist=L)
nx.draw(
    G,
    pos=pos,
    with_labels=False,
    node_size=100,
    nodelist=R,
    node_color="Orange",
    edgelist=edgelist,
    edge_color="red",
)
```

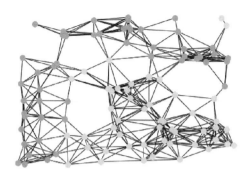

10.3 グラフ多分割問題

上では，グラフの 2 分割問題を考えたが，3 以上の複数の集合に，できるだけ均等に分割することを考える．この問題は，**グラフ多分割問題**（multiway graph partitioning problem）とよばれ，様々な制約が付加された問題が考えられている．

この問題に対するメタヒューリスティクスが，以下のプロジェクトで管理されている．

• METIS https://github.com/KarypisLab/METIS

このパッケージを使うことによって，様々な付加制約がついたグラフ多分割問題を，高速に解くことができる．

10.4 最大カット問題

最大カット問題は，以下のように定義される．

> 無向グラフ $G = (V, E)$ が与えられたとき，点集合 V の部分集合 S で，両端点が S と $V \setminus S$ に含まれる枝集合（カット）の位数が最大のものを求めよ．

もしくは，枝 $(i, j) \in E$ の上に重み w_{ij} が定義されていて，カットに含まれる枝の重みの合計を最大化する．

メタヒューリスティクスは，グラフ分割問題と同様に設計できる．

■ 10.4.1 線形定式化

グラフ分割問題と同様に，点 i が，分割 (L, R) の L 側に含まれているとき 1，それ以外の（R 側に含まれている）とき 0 の 0-1 変数 x_i を導入する．枝 (i, j) が L と R をまたいでいるとき 1，それ以外のとき 0 になる 0-1 変数 y_{ij} を導入する．

2 分割を表す制約のかわりに，点 i, j が同じ側に含まれているときに y_{ij} を 0 にするための制約を追加する．

$$maximize \quad \sum_{(i,j) \in E} w_{ij} y_{ij}$$

$$
\begin{aligned}
s.t. \qquad & x_i + x_j \geq y_{ij} && \forall (i, j) \in E \\
& 2 - x_i - x_j \geq y_{ij} && \forall (i, j) \in E \\
& x_i - x_j \leq y_{ij} && \forall (i, j) \in E \\
& x_j - x_i \leq y_{ij} && \forall (i, j) \in E \\
& x_i \in \{0, 1\} && \forall i \in V \\
& y_{ij} \in \{0, 1\} && \forall (i, j) \in E
\end{aligned}
$$

```python
def maxcut(V, E):
    """maxcut -- model for the graph maxcut problem
    Parameters:
        - V: set/list of nodes in the graph
        - E: set/list of edges in the graph
    Returns a model, ready to be solved.
    """
    model = Model("maxcut")
    x = {}
    y = {}
    for i in V:
        x[i] = model.addVar(vtype="B", name=f"x(i)")
    for (i, j) in E:
        y[i, j] = model.addVar(vtype="B", name=f"y(i,j)")
    model.update()

    for (i, j) in E:
        model.addConstr(x[i] + x[j] >= y[i, j], f"Edge(i,j)")
        model.addConstr(2 - x[j] - x[i] >= y[i, j], f"Edge(j,i)")
        model.addConstr(x[i] - x[j] <= y[i, j], "EdgeLB(i,j)")
        model.addConstr(x[j] - x[i] <= y[i, j], "EdgeLB(j,i)")

    model.setObjective(quicksum(y[i, j] for (i, j) in E), GRB.MAXIMIZE)

    model.update()
    model.__data = x
    return model
```

■ 10.4.2 2 次錐最適化による定式化

ここでは，以下の論文による 2 次錐最適化による強い定式化を示す．

A NEW SECOND-ORDER CONE PROGRAMMING RELAXATION FOR MAX-CUT

PROBLEMS, Masakazu Muramatsu Tsunehiro Suzuki, Journal of the Operations Research,

2003, Vol. 46, No. 2, 164-177

x_j は上の定式化と同じであるが，以下の 2 つの 0-1 変数を導入する．

- s_{ij}: i と j が同じ分割に含まれるとき 1
- z_{ij}: i と j が異なる分割に含まれるとき 1

$$maximize \quad \sum_{(i,j)\in E} w_{ij} z_{ij}$$

$$s.t. \quad (x_i + x_j - 1)^2 \le s_{ij} \quad \forall (i,j) \in E$$

$$(x_j - x_i)^2 \le z_{ij} \quad \forall (i,j) \in E$$

$$s_{ij} + z_{ij} = 1 \quad \forall (i,j) \in E$$

$$x_i \in \{0,1\} \quad \forall i \in V$$

$$s_{ij} \in \{0,1\} \quad \forall (i,j) \in E$$

$$z_{ij} \in \{0,1\} \quad \forall (i,j) \in E$$

```
def maxcut_soco(V, E):
    """maxcut_soco -- model for the graph maxcut problem
    Parameters:
        - V: set/list of nodes in the graph
        - E: set/list of edges in the graph
    Returns a model, ready to be solved.
    """
    model = Model("max cut -- scop")
    x, s, z = {}, {}, {}
    for i in V:
        x[i] = model.addVar(vtype="B", name=f"x(i)")
    for (i, j) in E:
        s[i, j] = model.addVar(vtype="C", name=f"s(i,j)")
        z[i, j] = model.addVar(vtype="C", name=f"z(i,j)")
    model.update()

    for (i, j) in E:
        model.addConstr((x[i] + x[j] - 1) * (x[i] + x[j] - 1) <= s[i, j], f"S(i,j)")
        model.addConstr((x[j] - x[i]) * (x[j] - x[i]) <= z[i, j], f"Z(i,j)")
        model.addConstr(s[i, j] + z[i, j] == 1, "P(%s,%s)" % (i, j))

    model.setObjective(quicksum(z[i, j] for (i, j) in E), GRB.MAXIMIZE)

    model.update()
    model.__data = x
    return model

def make_data(n, prob):
    """make_data: prepare data for a random graph
    Parameters:
        - n: number of vertices
        - prob: probability of existence of an edge, for each pair of vertices
    Returns a tuple with a list of vertices and a list edges.
```

```
"""
V = range(1, n + 1)
E = [(i, j) for i in V for j in V if i < j and random.random() < prob]
return V, E
```

```
random.seed(3)
V, E = make_data(100, 0.1)

model = maxcut(V, E)
model.optimize()
status = model.Status
if status == GRB.Status.OPTIMAL:
    print("Opt.value=", model.ObjVal)
    obj_lin = model.ObjVal
    x = model.__data
    print([i for i in V if x[i].X >= 0.5])
    print([i for i in V if x[i].X < 0.5])
else:
    pass
```

```
... (略) ...

Cutting planes:
  MIR: 8
  Zero half: 2
  RLT: 4

Explored 5 nodes (32235 simplex iterations) in 5.07 seconds
Thread count was 16 (of 16 available processors)

Solution count 10: 347 344 343 ... 331

Solve interrupted
Best objective 3.470000000000e+02, best bound 3.650000000000e+02, gap 5.1873%
```

```
model = maxcut_soco(V, E)
model.optimize()
status = model.Status
if status == GRB.Status.OPTIMAL:
    print("Opt.value=", model.ObjVal)
    x = model.__data
    print([i for i in V if x[i].X >= 0.5])
    print([i for i in V if x[i].X < 0.5])
    # assert model.ObjVal == obj_lin
else:
    pass
```

```
... (略) ...

Cutting planes:
  Gomory: 64
  MIR: 6
  Flow cover: 17
  Zero half: 467
  RLT: 7
  Relax-and-lift: 1
  BQP: 111

Explored 45580 nodes (3670264 simplex iterations) in 76.43 seconds
Thread count was 16 (of 16 available processors)

Solution count 10: 355 354 347 ... 330

Optimal solution found (tolerance 1.00e-04)
Best objective 3.549999999998e+02, best bound 3.549999999998e+02, gap 0.0000%
Opt.value= 354.9999999997802
[1, 2, 3, 4, 5, 9, 10, 12, 14, 18, 20, 21, 22, 24, 26, 28, 29, 33, 34, 35, 37, 40, ↩
41, 43, 45, 46, 47, 48, 49, 50, 52, 57, 58, 59, 60, 62, 64, 65, 66, 68, 69, 70, 72, ↩
73, 74, 80, 81, 82, 91, 98, 100]
[6, 7, 8, 11, 13, 15, 16, 17, 19, 23, 25, 27, 30, 31, 32, 36, 38, 39, 42, 44, 51, ↩
53, 54, 55, 56, 61, 63, 67, 71, 75, 76, 77, 78, 79, 83, 84, 85, 86, 87, 88, 89, 90, ↩
92, 93, 94, 95, 96, 97, 99]
```

■ 10.4.3 制約最適化ソルバー SCOP による求解

以下のサイトからベンチマーク問題例を入手できる.

http://grafo.etsii.urjc.es/optsicom/maxcut/

この問題例に対して，制約最適化ソルバー SCOP（付録1参照）で求解を試みる.

変数は $X_i (i \in V)$ で値集合は $\{0, 1\}$ とする. 値変数は x_{i0}, x_{i1} となる.

ベンチマーク問題例には，枝の重み $w_{ij}, (i, j) \in E$ が1のものと -1 のものがある.

枝の重みが1の枝に対しては，重み（逸脱ペナルティ）が1の考慮制約として，以下の2次制約を定義する.

$$x_{i0}x_{j1} + x_{i1}x_{j0} \geq 1 \quad \forall (i, j) \in E, w_{ij} = 1$$

枝 (i, j) の両端点が異なる集合に含まれるとき左辺は1となり，制約は満たされる. それ以外のとき左辺は0となり，制約は1だけ破られる.

枝の重みが -1 の枝に対しては，重み（逸脱ペナルティ）が1の考慮制約として，以下の2次制約を定義する.

$$x_{i0}x_{j1} + x_{i1}x_{j0} \leq 0 \quad \forall (i, j) \in E, w_{ij} = -1$$

枝 (i, j) の両端点が異なる集合に含まれるとき左辺は1となり，制約は1だけ破られる．
枝の本数 $|E|$ から逸脱の総数を減じたものが，目的関数になる．

SCOP モジュールからインポートする．

```
from scop import *
```

```
folder = "../data/maxcut/"
for iter in range(1, 2): #ここで問題番号を指定する(全部で54問)
    f = open(folder + f"g{iter}.rud")
    data = f.readlines()
    f.close()

    n, m = list(map(int, data[0].split()))
    G = nx.Graph()
    edges = []
    for row in data[1:]:
        i, j, w = list(map(int, row.split()))
        edges.append((i, j, w))
    G.add_weighted_edges_from(edges)

    model = Model()

    x = {}
    for i in G.nodes():
        x[i] = model.addVariable(name=f"x[{i}]", domain=[0, 1])
    for (i, j) in G.edges():
        if G[i][j]["weight"] == 1:
            q = Quadratic(name=f"edge_{i}_{j}", weight=1, rhs=1, direction=">=")
            q.addTerms(
                coeffs=[1, 1],
                vars=[x[i], x[i]],
                values=[0, 1],
                vars2=[x[j], x[j]],
                values2=[1, 0],
            )
            model.addConstraint(q)
        elif G[i][j]["weight"] == -1:
            q = Quadratic(name=f"edge_{i}_{j}", weight=1, rhs=0, direction="<=")
            q.addTerms(
                coeffs=[1, 1],
                vars=[x[i], x[i]],
                values=[0, 1],
                vars2=[x[j], x[j]],
                values2=[1, 0],
            )
            model.addConstraint(q)
        else:
            print("no such edge! ")
            break
```

```
model.Params.TimeLimit = 100
model.Params.RandomSeed = 123
sol, violated = model.optimize()
val = 0
for (i, j) in G.edges():
    if x[i].value != x[j].value:
        if G[i][j]["weight"] == 1:
            val += 1
        elif G[i][j]["weight"] == -1:
            val -= 1
print(iter, n, m, val)
```

=============== Now solving the problem ===============

1 800 19176 11624

100 秒で打ち切ったときの実験結果を以下に示す.

```
df = pd.read_csv(folder + "maxcut_bestvalues.csv")
df["gap"] = df["Best Known"] / df["scop(100s)"] * 100
df.head()
```

	Name	Best Known	Upper bound	scop(100s)	n	m	gap
0	G1	11624	12078	11624	800	19176.0	100.000000
1	G2	11620	12084	11620	800	19176.0	100.000000
2	G3	11622	12077	11620	800	19176.0	100.017212
3	G4	11646	*	11646	800	19176.0	100.000000
4	G5	11631	*	11630	800	19176.0	100.008598

11 最大クリーク問題

- 最大クリーク問題（最大安定集合問題）とその周辺

11.1 準備

ここでは，付録 2 で準備したグラフに関する基本操作を集めたモジュール graph-tools.py を読み込んでいる．環境によって，モジュールファイルの場所は適宜変更されたい．

```python
import random
import bisect
from gurobipy import Model, quicksum, GRB
# from mypulp import Model, quicksum, GRB
import networkx as nx
import plotly
import matplotlib.pyplot as plt
import numpy as np

import sys
sys.path.append("..")
import opt100.graphtools as gts

Infinity = 1.0e10000
LOG = False
```

11.2 最大クリーク問題と最大安定集合問題

最大安定集合問題（maximum stable set problem）は，以下のように定義される問題である．

点数 n の無向グラフ $G = (V, E)$ が与えられたとき，点の部分集合 $S(\subseteq V)$ は，すべて

の S 内の点の間に枝がないとき**安定集合**（stable set）とよばれる．最大安定集合問題とは，集合に含まれる要素数（位数）$|S|$ が最大になる安定集合 S を求める問題である．

この問題のグラフの補グラフ（枝の有無を反転させたグラフ）を考えると，以下に定義される**最大クリーク問題**（maximum clique problem）になる．

無向グラフ $G = (V, E)$ が与えられたとき，点の部分集合 $C(\subseteq V)$ は，C によって導かれた誘導部分グラフが**完全グラフ**（complete graph）になるとき**クリーク**（clique）とよばれる（完全グラフとは，すべての点の間に枝があるグラフである）．最大クリーク問題とは，位数 $|C|$ が最大になるクリーク C を求める問題である．

これらの 2 つの問題は（お互いに簡単な変換によって帰着されるという意味で）同値である．

点 i が安定集合 S に含まれるとき 1，それ以外のとき 0 の 0-1 変数を用いると，最大安定集合問題は，以下のように定式化できる．

$$
\begin{aligned}
maximize \quad & \sum_{i \in V} x_i \\
s.t. \quad & x_i + x_j \leq 1 \quad \forall (i, j) \in E \\
& x_i \in \{0, 1\} \quad \forall i \in V
\end{aligned}
$$

■ 11.2.1 極大クリークの列挙

networkX の find_cliques を使うことによってグラフの極大クリークを列挙できる．パスの列挙で紹介した Graphillion は，位数を固定して列挙できるが，遅いので使うべきではない．

また，グラフが疎でないと極大クリーク数は指数関数的に増大するので，注意が必要である．

```
# 点数100のランダムグラフなら大丈夫だが，点数300くらいで破綻する.
G = nx.fast_gnp_random_graph(100, 0.5)
count = 0
for i in nx.find_cliques(G):
    count += 1
count
```

16743

```
count = 0
for i in nx.find_cliques(G):
    print(i)
    count += 1
    if count >= 10:
        break
```

```
[1, 65, 32, 75, 73, 3]
[1, 65, 32, 75, 73, 36, 38]
[1, 65, 32, 75, 91, 3]
[1, 65, 32, 75, 20]
[1, 65, 32, 83, 80, 38]
[1, 65, 32, 98, 26, 91]
[1, 65, 32, 98, 26, 84, 73]
[1, 65, 32, 98, 26, 38, 80]
[1, 65, 32, 98, 26, 38, 73]
[1, 65, 32, 98, 36, 73, 84]
```

■ 11.2.2　近似解法

　networkX に $O(|V|/(\log|V|)^2)$ の近似精度保証をもった近似解法があるが，大きな問題例だと遅い．また，実験結果も思わしくないので，使うべきではない．往々にして，性能保証をもった近似解法の性能は悪い．

　100 点のランダムなグラフに対して近似解法を適用する．

```
n = 100
random.seed(1)
pos = {i: (random.random(), random.random()) for i in range(n)}
G = nx.random_geometric_graph(n, 0.3, pos=pos, seed=1)
```

```
from networkx.algorithms import approximation
S = approximation.max_clique(G)
print(len(S))
```

13

```
nx.draw(G, pos=pos, node_size=100)
nx.draw(
    G,
    pos=pos,
    nodelist=list(S),
    edgelist=[(i, j) for i in S for j in S if i < j],
    node_color="red",
    edge_color="blue",
)
```

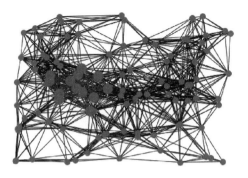

■ 11.2.3　タブーサーチ

最大安定集合を求めるためのメタヒューリスティクスとして，タブーサーチを設計する．

以下のメタヒューリスティクスの詳細については，拙著『メタヒューリスティクスの数理』（共立出版）を参照されたい．

```
def evaluate(nodes, adj, sol):
    """Evaluate a solution.

    Determines:
        - the cardinality of a solution, i.e., the number of nodes in the stable set;
        - the number of conflicts in the solution (pairs of nodes for which there is ↲
        an edge);
        - b[i] - number of nodes adjacent to i in the stable set;
    """
    card = len(sol)
    b = [0 for i in nodes]
    infeas = 0
    for i in sol:
        for j in adj[i]:
            b[j] += 1
            if j in sol:
                infeas += 1
    return card, infeas / 2, b


def construct(nodes, adj):
    """A simple construction method.

    The solution is represented by a set, which includes the vertices
    in the stable set.

    This function constructs a maximal stable set.
```

```
    """
    sol = set([])
    b = [0 for i in nodes]
    indices = list(nodes)
    random.shuffle(indices)
    for ii in nodes:
        i = indices[ii]
        if b[i] == 0:
            sol.add(i)
            for j in adj[i]:
                b[j] += 1
    return sol


def find_add(nodes, adj, sol, b, tabu, tabulen, iteration):
    """Find the best non-tabu vertex for adding into 'sol' (the stable set)"""
    xdelta = Infinity
    istar = []
    for i in set(nodes) - sol:
        # if tabu[i] <= iteration:
        if random.random() > float(tabu[i] - iteration) / tabulen:
            delta = b[i]
            if delta < xdelta:
                xdelta = delta
                istar = [i]
            elif delta == xdelta:
                istar.append(i)

    if istar != []:
        return random.choice(istar)

    print("blocked, no non-tabu move")
    for i in nodes:  # reset tabu information
        tabu[i] = min(tabu[i], iteration)
    return find_add(nodes, adj, sol, b, tabu, tabulen, iteration)


def find_drop(nodes, adj, sol, b, tabu, tabulen, iteration):
    """Find the best non-tabu vertex for removing from 'sol' (the stable set)"""
    xdelta = -Infinity
    istar = []
    for i in sol:
        # if tabu[i] <= iteration:
        if random.random() > float(tabu[i] - iteration) / tabulen:
            delta = b[i]
            if delta > xdelta:
                xdelta = delta
                istar = [i]
            elif delta == xdelta:
                istar.append(i)
```

```
    if istar != []:
        return random.choice(istar)

    print("blocked, no non-tabu move")
    for i in nodes:  # reset tabu information
        tabu[i] = min(tabu[i], iteration)
    return find_drop(nodes, adj, sol, b, tabu, tabulen, iteration)


def move_in(nodes, adj, sol, b, tabu, tabuIN, tabuOUT, iteration):
    """Determine and execute the best non-tabu insertion into the solution."""

    # find the best move
    i = find_add(nodes, adj, sol, b, tabu, tabuOUT, iteration)
    # print "{} <- %d\t" % i,
    tabu[i] = iteration + tabuIN
    sol.add(i)

    # update cost structure for nodes connected to i
    deltainfeas = 0
    for j in adj[i]:
        b[j] += 1
        if j in sol:
            deltainfeas += 1
    return deltainfeas


def move_out(nodes, adj, sol, b, tabu, tabuIN, tabuOUT, iteration):
    """Determine and execute the best non-tabu removal from the solution."""

    # find the best move
    i = find_drop(nodes, adj, sol, b, tabu, tabuIN, iteration)
    # print "{} -> %d\t" % i,
    tabu[i] = iteration + tabuOUT
    sol.remove(i)

    # update cost structure for nodes connected to i
    deltainfeas = 0
    for j in adj[i]:
        b[j] -= 1
        if j in sol:
            deltainfeas -= 1
    return deltainfeas


def tabu_search(nodes, adj, sol, max_iter, tabulen, report=None):
    """Execute a tabu search run."""
    n = len(nodes)
    tabu = [0 for i in nodes]
```

```python
    card, infeas, b = evaluate(nodes, adj, sol)
    assert infeas == 0
    bestsol, bestcard = set(sol), card
    if LOG:
        print(
            "iter:",
            0,
            "\tcard: %d (%d conflicts)" % (card, infeas),
            "/ best:",
            bestcard,
        )  # , "\t", sol
    for it in range(max_iter):
        tabuIN = 1 + int(
            tabulen / 100.0 * card
        )  # update tabu parameter for inserting vertices
        tabuOUT = 1 + int(
            tabulen / 100.0 * (n - card)
        )  # update tabu parameter for removing vertices
        if infeas == 0:  # solution is feasible, add a new vertex
            infeas += move_in(nodes, adj, sol, b, tabu, tabuIN, tabuOUT, it)
            card += 1
        else:  # solution is infeasible, remove a vertex
            infeas += move_out(nodes, adj, sol, b, tabu, tabuIN, tabuOUT, it)
            card -= 1

        if infeas == 0 and card > bestcard:
            bestsol, bestcard = set(sol), card
            if report:
                report(card, "iter:%d" % it)

        if LOG:
            print(
                "iter:",
                it + 1,
                "\tcard: %d (%d conflicts)" % (card, infeas),
                "/ best:",
                bestcard,
            )  # , "\t", sol

    return bestsol, bestcard
```

```python
Gbar = nx.complement(G)
nodes, edges = Gbar.nodes(), Gbar.edges()
adj = gts.adjacent(nodes, edges)
sol = construct(nodes, adj)

max_iter = 10000
tabulen = len(nodes) / 10
```

```
bestsol, bestcard = tabu_search(nodes, adj, sol, max_iter, tabulen, report=None)

nx.draw(G, pos=pos, node_size=100)
nx.draw(
    G,
    pos=pos,
    nodelist=list(S),
    edgelist=[(i, j) for i in S for j in S if i < j],
    node_color="red",
    edge_color="blue",
)
print(len(bestsol))
```

15

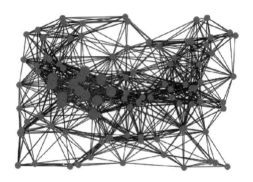

■ 11.2.4 集中化・多様化を入れたタブーサーチ

上のタブーサーチに集中化と多様化を加味して改善する.

```
def diversify(nodes, adj, v):
    """Find a maximal stable set, starting from node 'v'"""
    b = [0 for i in nodes]
    sol = set([v])
    for j in adj[v]:
        b[j] += 1

    indices = list(nodes)
    random.shuffle(indices)
    for ii in nodes:
        i = indices[ii]
        if i == v:
            continue
        if b[i] == 0:
            sol.add(i)
            for j in adj[i]:
```

```
                b[j] += 1
    return sol


def ts_intens_divers(nodes, adj, sol, max_iter, tabulen, report):
    """Execute a tabu search run using intensification/diversification."""
    n = len(nodes)
    tabu = [0 for i in nodes]

    card, infeas, b = evaluate(nodes, adj, sol)
    assert infeas == 0
    bestsol, bestcard, bestb = set(sol), card, list(b)

    D = 1  # self-tuning diversification parameter
    count = 0  # counter for consecutive non-improving iterations
    lastcard = card
    if LOG:
        print(
            "iter:",
            0,
            "non-impr: %d/%d" % (count, D),
            "\tcard: %d (%d conflicts)" % (card, infeas),
            "/ best:",
            bestcard,
        )  # , "\t", sol
    for it in range(max_iter):
        tabuIN = 1 + int(
            tabulen / 100.0 * card
        )  # update tabu parameter for inserting vertices
        tabuOUT = 1 + int(
            tabulen / 100.0 * (n - card)
        )  # update tabu parameter for removing vertices
        if infeas == 0:  # solution is feasible, add a new vertex
            infeas += move_in(nodes, adj, sol, b, tabu, tabuIN, tabuOUT, it)
            card += 1
        else:  # solution is infeasible, remove a vertex
            infeas += move_out(nodes, adj, sol, b, tabu, tabuIN, tabuOUT, it)
            card -= 1

        if LOG:
            print(
                "iter:",
                it + 1,
                "non-impr: %d/%d" % (count, D),
                "\tcard: %d (%d conflicts)" % (card, infeas),
                "/ best:",
                bestcard,
            )  # , "\t", sol

        if infeas == 0 and card > bestcard:
```

```
        # improved best found solution, intensify search
        bestsol, bestcard, bestb = set(sol), card, list(b)
        if report:
            report(card, "iter:%d" % it)
        if LOG:
            print("*** intensifying: clearing tabu list***")
        tabu = [min(tabu[i], it) for i in nodes]  # clear tabu list
        count = 0
    elif infeas == 0 and card > lastcard:
        count = 0  # reset non-improving iterations counter
    else:
        count += 1


    if (
        count > D
    ):  # exceeded allowed non-improving iterations, restart int/div cycle
        if D % 2 == 0:  # intensification: switch to best found solution
            if LOG:
                print("*** intensifying: switching to best found solution ***")
            sol, card, b = set(bestsol), bestcard, list(bestb)
            infeas = 0
            # keep tabu list unchanged, for ensuring a different path
        else:  # diversification: construct maximal stable set from less used vertex
            if LOG:
                print(
                    "*** diversifying: constructing maximal set from less used ↪
                    vertex ***"
                )
            # use the tabu history as long-term memory:
            cand = []
            mintabu = Infinity
            for j in set(nodes) - sol:  # find less used vertex (smallest tabu)
                if tabu[j] < mintabu:
                    cand = [j]
                if tabu[j] == mintabu:
                    cand.append(j)
            v = random.choice(cand)

            sol = diversify(nodes, adj, v)
            card, infeas, b = evaluate(nodes, adj, sol)
            if infeas == 0 and card > bestcard:
                bestsol, bestcard, bestb = set(sol), card, list(b)
                if report:
                    report(card, "iter:%d" % it)
            tabu = [min(tabu[i], it) for i in nodes]  # clear tabu list

        count = 0  # reset counter
        D += 1  # increase self-tuning parameter

if infeas == 0:
```

```
        lastcard = card

    return bestsol, bestcard
```

```
sol = construct(nodes, adj)
max_iter = 10000
tabulen = len(nodes) / 10
bestsol, bestcard = ts_intens_divers(nodes, adj, sol, max_iter, tabulen, report=False)

nx.draw(G, pos=pos, node_size=100)
nx.draw(
    G,
    pos=pos,
    nodelist=list(S),
    edgelist=[(i, j) for i in S for j in S if i < j],
    node_color="red",
    edge_color="blue",
)
print(len(bestsol))
```

15

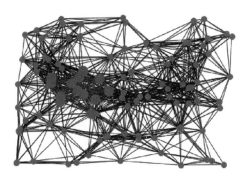

■ 11.2.5 平坦探索法

　最大安定集合問題（最大クリーク問題）は，同じ目的関数をもつ解がたくさんある
という特徴をもつ．これを平坦部とよぶ．この平坦部からの脱出に工夫を入れたメタ
ヒューリスティクスを設計する．

```
def possible_add(rmn, b):
    """Check which of the nodes in set 'rmn' can be added to
    the current stable set (i.e., which have no edges to nodes in
    the stable set, and thus have b[i] = 0).
    """
    return [i for i in rmn if b[i] == 0]
```

```python
def one_edge(rmn, b):
    """Check which of the nodes in 'rmn' cause one conflict if added
    to the current stable set (i.e., which have exactly one edge to
    nodes in the stable set, and thus have b[i] = 1).
    """
    return [i for i in rmn if b[i] == 1]

def add_node(i, adj, sol, rmn, b):
    """Move node 'i' from 'rmn' into 'sol', and update 'b' accordingly."""
    sol.add(i)
    rmn.remove(i)
    for j in adj[i]:
        b[j] += 1

def expand_rand(add, sol, rmn, b, adj, maxiter, dummy=None):
    """Expand the current stable set ('sol') from randomly selected valid nodes.
    Use nodes in 'add' for the expansion; 'add' must be the subset
    of unselected nodes that may still be added to the stable set.
    """
    iteration = 0
    while add != [] and iteration < maxiter:
        iteration += 1
        i = random.choice(add)
        add_node(i, adj, sol, rmn, b)
        add.remove(i)
        add = possible_add(add, b)  # reduce list of possible additions
    return iteration

def expand_stat_deg(add, sol, rmn, b, adj, maxiter, degree):
    """Expand the current stable set ('sol'), selecting nodes with maximal
    degree on the initial graph.
    Use nodes in 'add' for the expansion; 'add' must be the subset
    of unselected nodes that may still be added to the stable set."""
    iteration = 0
    while add != [] and iteration < maxiter:
        iteration += 1
        min_deg = Infinity
        cand = []
        for i in add:
            if degree[i] < min_deg:
                cand = [i]
                min_deg = degree[i]
            elif degree[i] == min_deg:
                cand.append(i)
        i = random.choice(cand)
        add_node(i, adj, sol, rmn, b)
        add.remove(i)
        add = possible_add(add, b)  # reduce list of possible additions
    return iteration
```

```
def expand_dyn_deg(add, sol, rmn, b, adj, maxiter, dummy=None):
    """Expand the current stable set ('sol'), selecting nodes with maximal
    degree on 'add' (i.e., the subset of nodes that can still be added to
    the stable set).
    """
    iteration = 0
    degree = {}
    for i in add:
        degree[i] = len(set(add) & adj[i])
    while add != [] and iteration < maxiter:
        iteration += 1
        min_deg = Infinity
        cand = []
        for i in add:
            if degree[i] < min_deg:
                cand = [i]
                min_deg = degree[i]
            elif degree[i] == min_deg:
                cand.append(i)
        i = random.choice(cand)

        # update degree on nodes connected to i and in 'add'
        for j in set(add) & adj[i]:
            for k in set(add) & adj[j]:
                degree[k] -= 1

        # insert chosen node into 'sol'
        add_node(i, adj, sol, rmn, b)
        add.remove(i)
        add = possible_add(add, b)  # reduce list of possible additions
    return iteration

def iterated_expansion(nodes, adj, expand_fn, niterations, report=None):
    """Do repeated expansions until reaching 'niterations'.
    Expansion is done using the function 'expand_fn' coming as
    a parameter.

    Parameters:
      * nodes, adj -- graph information
      * expand_fn -- function to be used for the expansion
      * niterations -- maximum number of iterations
    """
    degree = [len(adj[i]) for i in nodes]  # used on 'expand_stat_deg'
    bestcard = 0
    iteration = 0
    while iteration < niterations:
        # starting solution
        rmn = set(nodes)
        sol = set([])
```

```
        b = [0 for i in nodes]
        add = list(nodes)  # nodes for starting expansion
        iteration += expand_fn(add, sol, rmn, b, adj, niterations - iteration, degree)
        if len(sol) > bestcard:
            bestcard = len(sol)
            bestsol = list(sol)
            bestrmn = list(rmn)
            if report:
                report(bestcard, "sol: %r" % sol)
    return bestsol, bestrmn, bestcard

def node_replace(v, sol, rmn, b, adj):
    """Node 'v' has been inserted in 'sol' and created one conflict.
    Remove the conflicting node (the one in 'sol' adjacent to 'v'),
    update 'b', and the check through which nodes expansion is possible.
    """
    connected = adj[v].intersection(sol)
    i = connected.pop()
    rmn.add(i)
    sol.remove(i)
    expand_nodes = []
    for j in adj[i]:
        b[j] -= 1
        if b[j] == 0 and j not in sol:
            expand_nodes.append(j)
    return expand_nodes

def plateau(sol, rmn, b, adj, maxiter):
    """Check nodes that create one conflict if inserted in the stable set;
    tentatively add them, and remove the conflict created.
    Exit whenever the stable set can be expanded (and return the
    subset of nodes usable for that).
    """
    iteration = 0
    while iteration < maxiter:
        one = one_edge(rmn, b)
        if one == []:
            return iteration, []
        v = random.choice(one)
        iteration += 2
        add_node(v, adj, sol, rmn, b)
        expand_nodes = node_replace(v, sol, rmn, b, adj)
        if expand_nodes != []:  # can expand, stop plateau search
            return iteration, expand_nodes
    return iteration, []

def multistart_local_search(nodes, adj, expand_fn, niterations, length, report=None):
    """Plateau search, using 'expand_fn' for the expansion.

    Parameters:
```

```
      * nodes, adj -- graph information
      * expand_fn -- function to be used for the expansion
      * niterations -- maximum number of iterations
      * length -- number of searches to do attempt on the each plateau
      """
      degree = [len(adj[i]) for i in nodes]  # used on 'expand_stat_deg'
      bestsol = []
      bestrmn = []
      bestcard = 0
      iteration = 0

      while iteration < niterations:

          if LOG:
              print("New plateau search")
          # select nodes for staring expansion
          add = list(nodes)  # possible_add(rmn,b)
          # starting solution
          rmn = set(nodes)
          sol = set([])
          b = [0 for i in nodes]

          while add != []:
              iteration += expand_fn(
                  add, sol, rmn, b, adj, niterations - iteration, degree
              )
              if LOG:
                  print("expanding...", len(sol))
              if len(sol) > bestcard:
                  bestcard = len(sol)
                  bestsol = list(sol)
                  bestrmn = list(rmn)
                  if report:
                      report(bestcard, "sol: %r" % sol)
              maxiter = min(length, niterations - iteration)
              usediter, add = plateau(sol, rmn, b, adj, maxiter)
              iteration += usediter
      return bestsol, bestrmn, bestcard

def expand_through(add, sol, rmn, expand_fn, b, adj, maxiter, degree):
    """Expand the current stable set ('sol').
    Initially use nodes in 'add' for the expansion;
    then, try with all the unselected nodes (those in 'rmn')."""
    # expand first through nodes sugested in 'add' only
    iteration = expand_fn(add, sol, rmn, b, adj, maxiter, degree)
    # check if expansion is possible through any node
    add = possible_add(rmn, b)
    return iteration + expand_fn(add, sol, rmn, b, adj, maxiter - iteration, degree)

def ltm_search(nodes, adj, expand_fn, niterations, length, report=None):
```

```
"""Plateau search including long-term memory,
using 'expand_fn' for the expansion.

Long-term memory 'ltm' keeps the number of times each node
was used after successful expansions.

Parameters:
 * nodes, adj -- graph information
 * expand_fn -- function to be used for the expansion
 * niterations -- maximum number of iterations
 * length -- number of searches to do attempt on the each plateau
"""
degree = [len(adj[i]) for i in nodes]  # used on 'expand_stat_deg'
bestsol = []
bestrmn = []
bestcard = 0
iteration = 0

ltm = [0 for i in nodes]
while iteration < niterations:

    if LOG:
        print("New plateau search")
    # select nodes for staring expansion
    # starting solution
    rmn = set(nodes)
    sol = set([])
    b = [0 for i in nodes]

    # alternate between using intensification and diversification, using ltm
    if random.random() < 0.5:
        if bestsol != []:
            cand = list(bestsol)
        else:
            cand = list(rmn)
    else:
        # insert one of the least used nodes in stable set
        minsel = Infinity
        for i in rmn:
            if ltm[i] < minsel:
                minsel = ltm[i]
                cand = [i]
            elif ltm[i] == minsel:
                cand.append(i)

    # start expansion through intensification/diversification selected nodes
    add = cand

    while add != []:
        for i in sol:
```

```
                ltm[i] += 1
           if len(sol) > bestcard:
               bestcard = len(sol)
               bestsol = list(sol)
               bestrmn = list(rmn)
               if report:
                   report(bestcard, "sol: %r" % sol)
           maxiter = min(length, niterations - iteration)
           usediter, add = plateau(sol, rmn, b, adj, maxiter)
           iteration += usediter

    return bestsol, bestrmn, bestcard

def rm_node(i, adj, sol, rmn, b):
    """Move node 'i' from 'sol' into 'rmn', and update 'b' accordingly."""
    rmn.add(i)
    sol.remove(i)
    for j in adj[i]:
        b[j] -= 1

def hybrid(nodes, adj, niterations, length, report=None):
    """Plateau search, using a hybrid approach.

    The solution is partially kept after each plateau search:
    a node from the unselected 'rmn' set is chosen and added to
    the stable set, and then the conflicting nodes are removed.

    Plateau expansions are done through a randomly selected method,
    from random expansion, dynamic-degree-based expansion, or
    static-degree expansion.

    Long-term memory 'ltm' keeps the number of times each node
    was used after successful expansions.
    """
    expand_fns = [expand_rand, expand_stat_deg, expand_dyn_deg]
    degree = [len(adj[i]) for i in nodes]

    bestsol = []
    bestrmn = []
    bestcard = 0
    iteration = 0

    rmn = set(nodes)
    sol = set([])
    b = [0 for i in nodes]
    ltm = [0 for i in nodes]
    while iteration < niterations:

        if LOG:
            print("New plateau search")
```

```
        if random.random() < 0.5:
            cand = rmn & set(bestsol)
            if len(cand) != 0:
                add = random.choice(list(cand))
            else:
                add = random.choice(list(rmn))
        else:
            # insert one of the least used nodes in stable set
            minsel = Infinity
            for i in rmn:
                if ltm[i] < minsel:
                    minsel = ltm[i]
                    cand = [i]
                elif ltm[i] == minsel:
                    cand.append(i)
            add = random.choice(cand)

        # remove nodes on the set that would cause conflicts
        for i in sol & adj[add]:
            rm_node(i, adj, sol, rmn, b)
            iteration += 1

        add_node(add, adj, sol, rmn, b)
        iteration += 1

        add = possible_add(rmn, b)
        while add != []:
            expand_fn = random.choice(expand_fns)
            iteration += expand_through(
                add, sol, rmn, expand_fn, b, adj, niterations - iteration, degree
            )
            for i in sol:
                ltm[i] += 1
            if len(sol) > bestcard:
                bestcard = len(sol)
                bestsol = list(sol)
                bestrmn = list(rmn)
                if report:
                    report(bestcard, "sol: %r" % sol)
            maxiter = min(length, niterations - iteration)
            usediter, add = plateau(sol, rmn, b, adj, maxiter)
            iteration += usediter

    return bestsol, bestrmn, bestcard
```

```
sol = construct(nodes, adj)
max_iterations = 10000
tabulength = len(nodes) / 10
sol, rmn, card = hybrid(nodes, adj, max_iterations, tabulength, False)
```

```
nx.draw(G, pos=pos, node_size=100)
nx.draw(
    G,
    pos=pos,
    nodelist=list(S),
    edgelist=[(i, j) for i in S for j in S if i < j],
    node_color="red",
    edge_color="blue",
)
print(len(sol))
```

15

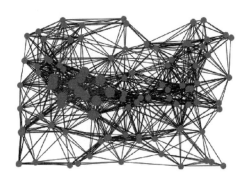

11.3 クリーク被覆問題

　無向グラフを，最小の数のクリークで被覆する問題が**クリーク被覆問題**（clique cover problem）である．点を被覆する問題（クリーク点被覆問題）は，補グラフを作ればグラフ彩色問題に帰着できる．枝の被覆問題（クリーク枝被覆問題）もあり，両者とも *NP*-困難である．

　極大クリークを列挙すると，両者ともに集合被覆問題に帰着できる．以下に，点被覆の例を示す．

```
model = Model()
x = {}
nodes = {}
for i, c in enumerate(nx.find_cliques(G)):
    x[i] = model.addVar(vtype="B", name=f"x[{i}]")
    nodes[i] = c
cliques = {}  # 点iを含んでいるクリークの集合
for i in range(n):
    cliques[i] = []
for c in nodes:
```

```
    for i in nodes[c]:
        cliques[i].append(c)
for i in range(n):
    model.addConstr(quicksum(x[c] for c in cliques[i]) >= 1)
model.setObjective(quicksum(x[c] for c in x), GRB.MINIMIZE)
```

```
model.optimize()
```

```
... (略) ...

Cutting planes:
  MIR: 4

Explored 11 nodes (69694 simplex iterations) in 141.09 seconds
Thread count was 16 (of 16 available processors)

Solution count 3: 17 18 30

Optimal solution found (tolerance 1.00e-04)
Best objective 1.700000000000e+01, best bound 1.700000000000e+01, gap 0.0000%
```

```
lhs = np.zeros(n)
for c in x:
    if x[c].X > 0.001:
        for i in nodes[c]:
            lhs[i] += 1
```

```
edges = []
for c in x:
    if x[c].X > 0.001:
        # print(nodes[c])
        for i in nodes[c]:
            for j in nodes[c]:
                if i != j:
                    edges.append((i, j))
```

```
plt.figure()
nx.draw(G, pos=pos, with_labels=False, node_size=10, edge_color="blue")
nx.draw_networkx_edges(G, pos=pos, edgelist=edges, edge_color="orange", width=2)
plt.show()
```

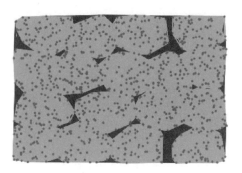

12 グラフ彩色問題

- グラフ彩色問題に対する定式化とメタヒューリスティクス

12.1 準備

ここでは，付録 2 で準備したグラフに関する基本操作を集めたモジュール graph-tools.py を読み込んでいる．環境によって，モジュールファイルの場所は適宜変更されたい．

```python
import random
import bisect

from gurobipy import Model, quicksum, GRB

# from mypulp import Model, quicksum, GRB
import networkx as nx
import plotly
import matplotlib.pyplot as plt

import sys

sys.path.append("..")
import opt100.graphtools as gts

Infinity = 1.0e10000
LOG = False
```

関連動画

12.2 定式化

グラフ彩色問題は，以下のように定義される問題である．

点数 n の無向グラフ $G = (V, E)$ の K 分割（K partition）とは，点集合 V の K 個

の部分集合への分割 $\Upsilon = \{V_1, V_2, \ldots, V_K\}$ で，$V_i \cap V_j = \emptyset, \forall i \neq j$（共通部分がない），$\bigcup_{j=1}^{K} V_j = V$（合わせると点集合全体になる）を満たすものを指す．各 $V_i (i = 1, 2, \ldots, K)$ を色クラス（color class）とよぶ．

> K 分割は，すべての色クラス V_i が安定集合（点の間に枝がない）のとき K 彩色（K coloring）とよばれる．与えられた無向グラフ $G = (V, E)$ に対して，最小の K（これを彩色数とよぶ）を導く K 彩色 $\Upsilon = \{V_1, V_2, \ldots, V_K\}$ を求めよ．

　グラフ彩色問題の定式化を行うために，彩色可能な色数の上界 $K_{\max}$ が分かっているものと仮定する．すなわち，最適な K 彩色は，$1 \leq K \leq K_{\max}$ の整数から選択される．

■ 12.2.1　標準定式化

　点 i に塗られた色が k のとき 1，それ以外のとき 0 の 0-1 変数 x_{ik} と，色クラス V_k に含まれる点が 1 つでもあるときに 1，それ以外の（色クラスが空の）とき 0 の 0-1 変数 y_k を用いると，グラフ彩色問題は，以下のように定式化できる．

$$minimize \quad \sum_{k=1}^{K_{\max}} y_k$$

$$s.t. \quad \sum_{k=1}^{K_{\max}} x_{ik} = 1 \qquad \forall i \in V$$

$$x_{ik} + x_{jk} \leq y_k \qquad \forall (i, j) \in E, k = 1, 2, \ldots, K_{\max}$$

$$x_{ik} \in \{0, 1\} \qquad \forall i \in V, k = 1, 2, \ldots, K_{\max}$$

$$y_k \in \{0, 1\} \qquad \forall k = 1, 2, \ldots, K_{\max}$$

Gurobi をはじめとする多くの数理最適化ソルバーは，分枝限定法を利用して求解している．分枝限定法においては，上のグラフ彩色問題の定式化における色クラスはすべて無記名で扱われるため，解は対称性をもつ．たとえば，解 $V_1 = \{1, 2, 3\}, V_2 = \{4, 5\}$ と解 $V_1 = \{4, 5\}, V_2 = \{1, 2, 3\}$ はまったく同じものであるが，上の定式化では異なるベクトル x, y で表される．この場合，変数 x, y をもとに分枝しても下界が改良されない現象が発生する．グラフ彩色問題を市販の数理最適化ソルバーで求解する際には，解の対称性を避けるために，添え字の小さい色クラスを優先して用いることを表す，以下の制約を付加することが推奨される．

$$y_k \leq \sum_{i \in V} x_{ik} \qquad \forall k = 1, 2, \ldots, K_{\max}$$

$$y_k \geq y_{k+1} \qquad \forall k = 1, 2, \ldots, K_{\max} - 1$$

```
random.seed(123)
n = 50
K = n
pos = {i: (random.random(), random.random()) for i in range(n)}
```

```
G = nx.random_geometric_graph(n, 0.5, pos=pos)

V = G.nodes()
E = G.edges()

model = Model("gcp - standard")
x, y = {}, {}
for i in V:
    for k in range(K):
        x[i, k] = model.addVar(vtype="B", name=f"x({i},{k})")
for k in range(K):
    y[k] = model.addVar(vtype="B", name=f"y({k})")
model.update()

for i in V:
    model.addConstr(quicksum(x[i, k] for k in range(K)) == 1, f"AssignColor({i})")

for (i, j) in E:
    for k in range(K):
        model.addConstr(x[i, k] + x[j, k] <= y[k], f"BadEdge({i},{j},{k})")
for k in range(K):
    model.addConstr(y[k] <= quicksum(x[i, k] for i in V), f"SymmetryBreak1({k})")

for k in range(K - 1):
    model.addConstr(y[k] >= y[k + 1], f"SymmetryBreak2({k})")

model.setObjective(quicksum(y[k] for k in range(K)), GRB.MINIMIZE)

model.optimize()
color = {}
if model.status == GRB.Status.OPTIMAL:
    for i in V:
        for k in range(K):
            if x[i, k].X > 0.5:
                color[i] = k
                break

print("solution:", color)

nx.draw(
    G,
    pos=pos,
    with_labels=False,
    node_color=[color[i] for i in V],
    node_size=100,
    cmap=plt.cm.Paired,
    edge_color="black",
    width=0.5,
)
```

```
... (略) ...

Explored 1 nodes (54589 simplex iterations) in 22.20 seconds (27.37 work units)
Thread count was 16 (of 16 available processors)

Solution count 3: 20 21 29

Optimal solution found (tolerance 1.00e-04)
Best objective 2.000000000000e+01, best bound 2.000000000000e+01, gap 0.0000%
solution: {0: 17, 1: 3, 2: 4, 3: 17, 4: 0, 5: 6, 6: 2, 7: 18, 8: 15, 9: 7, 10: 6, ↵
11: 2, 12: 0, 13: 19, 14: 7, 15: 17, 16: 3, 17: 1, 18: 5, 19: 3, 20: 2, 21: 0, 22: ↵
9, 23: 16, 24: 7, 25: 6, 26: 9, 27: 0, 28: 16, 29: 13, 30: 1, 31: 10, 32: 4, 33: 4,↵
 34: 5, 35: 3, 36: 14, 37: 8, 38: 1, 39: 2, 40: 9, 41: 10, 42: 11, 43: 12, 44: 13, ↵
45: 14, 46: 8, 47: 12, 48: 16, 49: 15}
```

■ 12.2.2　彩色数固定定式化

　上で示したアプローチでは，彩色数 K を最小化することを目的としていた．以下では，彩色数 K を固定した定式化を用いることによって，より大規模な問題を求解することを考えよう．

　枝の両端点が同じ色で彩色されているとき 1，それ以外のとき 0 を表す新しい変数 z_{ij} を導入する．そのような「悪い」枝の数を最小化し，最適値が 0 になれば，彩色可能であると判断される．彩色数 K を変えながら，この最適化問題を解くことによって，最小の彩色数を求めることができる．

$$minimize \quad \sum_{(i,j)\in E} z_{ij}$$

$$s.t. \quad \sum_{k=1}^{K} x_{ik} = 1 \qquad \forall i \in V$$

$$x_{ik} + x_{jk} \leq 1 + z_{ij} \quad \forall (i,j) \in E, k = 1,2,\ldots,K$$

$$x_{ik} \in \{0,1\} \qquad \forall i \in V, k = 1,2,\ldots,K$$

$$z_{ij} \in \{0,1\} \qquad \forall (i,j) \in E$$

ここで目的関数は，悪い枝の数の最小化である．最初の制約は，各点 i に必ず 1 つの色が塗られることを表す．2 番目の制約は，枝 (i,j) の両端点の点 i と点 j が，同じ色クラスに割り当てられている場合には，枝 (i,j) が悪い枝と判定されることを表す．

彩色数 K を固定した定式化は，以下のようになる．

```python
def gcp_fixed_k(V, E, K):
    """gcp_fixed_k -- model for minimizing number
    of bad edges in coloring a graph
    Parameters:
        - V: set/list of nodes in the graph
        - E: set/list of edges in the graph
        - K: number of colors to be used
    Returns a model, ready to be solved.
    """
    model = Model("gcp - fixed k")
    x, z = {}, {}
    for i in V:
        for k in range(K):
            x[i, k] = model.addVar(vtype="B", name=f"x({i},{k})")
    for (i, j) in E:
        z[i, j] = model.addVar(vtype="B", name=f"z({i},{j})")
    model.update()

    for i in V:
        model.addConstr(quicksum(x[i, k] for k in range(K)) == 1, f"AssignColor({i}
    })")

    for (i, j) in E:
        for k in range(K):
            model.addConstr(x[i, k] + x[j, k] <= 1 + z[i, j], f"BadEdge({i},{j},{k}
    })")

    model.setObjective(quicksum(z[i, j] for (i, j) in E), GRB.MINIMIZE)

    model.update()
    model.__data = x, z
    return model
```

上のモデル（彩色数固定定式化）を用いて最適な（色数最小の）グラフ彩色を得るに

は，2 分探索をすれば良い．以下にそのためのコードを示す．

```python
def solve_gcp(V, E):
    """solve_gcp -- solve the graph coloring problem
    with bisection and fixed-k model
    Parameters:
        - V: set/list of nodes in the graph
        - E: set/list of edges in the graph
    Returns tuple with number of colors used,
    and dictionary mapping colors to vertices
    """
    LB = 0
    UB = len(V)
    color = {}
    while UB - LB > 1:
        K = (UB + LB) // 2
        print("trying fixed K=", K)
        gcp = gcp_fixed_k(V, E, K)
        gcp.Params.OutputFlag = 0  # silent mode
        gcp.Params.Cutoff = 0.1
        gcp.optimize()
        if gcp.status == GRB.Status.OPTIMAL:
            x, z = gcp.__data
            for i in V:
                for k in range(K):
                    if x[i, k].X > 0.5:
                        color[i] = k
                        break
                # else:
                #     raise "undefined color for", i
            UB = K
        else:
            LB = K

    return UB, color
```

```python
K, color = solve_gcp(V, E)
print("minimum number of colors:", K)
print("solution:", color)
```

```
trying fixed K= 25
trying fixed K= 12
trying fixed K= 18
trying fixed K= 21
trying fixed K= 19
trying fixed K= 20
minimum number of colors: 20
solution: {0: 0, 1: 13, 2: 10, 3: 0, 4: 4, 5: 4, 6: 19, 7: 16, 8: 8, 9: 5, 10: 12, ↵
11: 0, 12: 2, 13: 9, 14: 0, 15: 3, 16: 6, 17: 4, 18: 1, 19: 7, 20: 10, 21: 2, 22: ↵
```

13, 23: 17, 24: 5, 25: 5, 26: 15, 27: 2, 28: 16, 29: 3, 30: 18, 31: 7, 32: 10, 33: ↩
11, 34: 1, 35: 3, 36: 6, 37: 11, 38: 2, 39: 1, 40: 15, 41: 12, 42: 7, 43: 14, 44: ↩
3, 45: 9, 46: 11, 47: 10, 48: 1, 49: 8}

■ 12.2.3 半順序定式化

解の対称性を除去するために，同じ色に塗られた点の部分集合に対する半順序を用いた定式化を示す.

点 i に塗られた色が k のとき 1，それ以外のとき 0 の 0-1 変数 x_{ik} の他に，各点 i に対して色 k に先行する（$i < k$）か後続する（$k < i$）かを表す以下の変数を導入する.

- y_{ki}: 点 i が色 k に後続する（$k < i$）とき 1，それ以外のとき 0 の 0-1 変数
- z_{ik}: 点 i が色 k に先行する（$i < k$）とき 1，それ以外のとき 0 の 0-1 変数

グラフ彩色問題は，以下のように定式化できる.

$$
\begin{aligned}
minimize \quad & 1 + \sum_{k=1}^{K_{\max}} y_{k0} \\
s.t. \quad & x_{ik} = 1 - (y_{ki} + z_{ik}) && \forall i \in V; k = 1, 2, \ldots, K_{\max} \\
& z_{i1} = 0 && \forall i \in V \\
& y_{K_{\max}, i} = 0 && \forall i \in V \\
& y_{ki} \geq y_{k+1, i} && \forall i \in V, k = 1, 2, \ldots, K_{\max} - 1 \\
& y_{ki} + z_{i, k+1} = 1 && \forall i \in V, k = 1, 2, \ldots, K_{\max} - 1 \\
& y_{k0} \geq y_{ki} && \forall i \in V \setminus \{0\}, k = 1, 2, \ldots, K_{\max} \\
& x_{ik} + x_{jk} \leq 1 && \forall (i, j) \in E \\
& x_{ik} \in \{0, 1\} && \forall i \in V, k = 1, 2, \ldots, K_{\max} \\
& y_{ki} \in \{0, 1\} && \forall i \in V, k = 1, 2, \ldots, K_{\max} \\
& z_{ik} \in \{0, 1\} && \forall i \in V, k = 1, 2, \ldots, K_{\max}
\end{aligned}
$$

目的関数は，最初の点 0 に先行する色数の最小化であり，点 0 が塗られた色クラス 1 を加えたものが最小の彩色数になる.

最初の制約は，点 i が色 k に後続も先行もされないときは，色 k に塗られていることを表す. 2 番目の制約は，色 1 に先行する点がないこと，3 番目の制約は，最後の色に後続する点がないことを表す. 4 番目の制約は，点が色 $k+1$ に後続するなら色 k にも後続することを表す. 5 番目の制約は，点 i が何れかの色に塗られることを規定する. 6 番目の制約は，他の点が色 k に塗られたら，点 0 には k 以上の色で塗ることを表す. 最後の制約は，枝の両端点が異なる色で塗られることを表す.

半順序を用いた定式化は，以下のようになる.

```
K = n
```

```
model = Model("gcp - partial order")
x, y, z = {}, {}, {}
for i in V:
    for k in range(K):
        x[i, k] = model.addVar(vtype="B", name=f"x({i},{k})")
        y[k, i] = model.addVar(vtype="B", name=f"y({k},{i})")
        z[i, k] = model.addVar(vtype="B", name=f"z({i},{k})")
model.update()

for i in V:
    model.addConstr(z[i, 0] == 0, f"FixZ({i})")
    model.addConstr(y[K - 1, i] == 0, f"FixY({i})")

for i in V:
    for k in range(K - 1):
        model.addConstr(y[k, i] >= y[k + 1, i], f"Ordering({i},{k})")
        model.addConstr(y[k, i] + z[i, k + 1] == 1, f"AssignColor({i},{k})")
        model.addConstr(y[k, 0] >= y[k, i], f"FirstNode({i},{k})")

# for i in V:
#     model.addConstr(quicksum(x[i,k] for k in range(K)) == 1,
#                     f"AssignColor({i})")

for i in V:
    for k in range(K):
        model.addConstr(x[i, k] == 1 - (y[k, i] + z[i, k]), f"Connection({i},{k})")

for (i, j) in E:
    for k in range(K):
        model.addConstr(x[i, k] + x[j, k] <= 1, f"BadEdge({i},{j},{k})")

model.setObjective(1 + quicksum(y[k, 0] for k in range(K)), GRB.MINIMIZE)

model.optimize()

for i in V:
    for k in range(K):
        if x[i, k].X > 0.5:
            color[i] = k
            break

print("solution:", color)
```

```
... (略) ...

Cutting planes:
  Gomory: 12
  Clique: 6
```

```
Zero half: 128
RLT: 3

Explored 1 nodes (5626 simplex iterations) in 1.31 seconds
Thread count was 16 (of 16 available processors)

Solution count 5: 20 21 22 ... 50

Optimal solution found (tolerance 1.00e-04)
Best objective 2.000000000000e+01, best bound 2.000000000000e+01, gap 0.0000%
solution: {0: 19, 1: 4, 2: 3, 3: 18, 4: 1, 5: 12, 6: 9, 7: 5, 8: 8, 9: 14, 10: 10, ↵
11: 9, 12: 3, 13: 2, 14: 3, 15: 7, 16: 4, 17: 2, 18: 1, 19: 5, 20: 9, 21: 8, 22: ↵
10, 23: 7, 24: 14, 25: 4, 26: 11, 27: 16, 28: 5, 29: 19, 30: 10, 31: 6, 32: 13, 33:↵
0, 34: 6, 35: 0, 36: 15, 37: 0, 38: 0, 39: 9, 40: 11, 41: 6, 42: 3, 43: 17, 44: 2,↵
45: 15, 46: 0, 47: 11, 48: 1, 49: 8}
```

■ 12.2.4 代表点定式化

隣接していない 2 つの点 i, j に対して，点 j の色を点 i と同じ色にするとき 1，それ以外のとき 0 になる 0-1 変数 x_{ij} を導入する．変数 x_{ij} が 1 のとき，点 j は点 i に割り当てられ，点 i が点 j の代表点になっている．また，0-1 変数 x_{ii} は，点 i を色 i で彩色するとき 1，それ以外のとき 0 になるものとする．

$N_i(A_i)$ を点 i に隣接していない点からなるグラフの点（枝）集合とする．

これらの記号を用いると，グラフ彩色問題は，以下のように定式化できる．

$$
\begin{aligned}
minimize \quad & \sum_{i \in V} x_{ii} \\
s.t. \quad & \sum_{i \in N_j} x_{ij} + x_{jj} \geq 1 \quad \forall j \in V \\
& x_{ij} + x_{ik} \leq x_{ii} \quad \forall i \in V, (j, k) \in A_i \\
& x_{ij} \leq x_{ii} \quad \forall i \in V, j \in N_i \\
& x_{ij} \in \{0, 1\} \quad \forall i \in V, j \in V
\end{aligned}
$$

目的関数は色の代表点として選ばれた点数の最小化である．

最初の制約は，点 j は代表点になるか，他の隣接していない点に割り振られるかのいずれかであることを表す．2 番目の制約は，点 i に隣接していないグラフ内の枝 (j, k) の両端点に，点 i に塗られている色を同時に割り振らないことを表す．3 番目の制約は，他の点から割り振られた点は必ず代表点であることを表す．

最後の 2 本の制約は，点 i に隣接していないグラフ内の極大クリーク（完全部分グラフ）を用いることによって強化できる．

```
Gbar = nx.complement(G)
```

```
model = Model("gcp - representative")
x = {}
for i in V:
    for j in V:
        x[i, j] = model.addVar(vtype="B", name=f"x({i},{j})")
model.update()

for j in V:
    model.addConstr(
        quicksum(x[i, j] for i in Gbar.neighbors(j)) + x[j, j] >= 1, f"Assign({j})"
    )

for i in V:
    for (j, k) in G.subgraph(Gbar.neighbors(i)).edges():
        model.addConstr(x[i, j] + x[i, k] <= x[i, i], f"BadEdge({i},{j},{k})")
    for j in Gbar.neighbors(i):
        model.addConstr(x[i, j] <= x[i, i], f"Connection({i},{j})")

model.setObjective(quicksum(x[i, i] for i in V), GRB.MINIMIZE)
model.optimize()

color = {}
k = 0
for i in V:
    if x[i, i].X > 0.5:
        color[i] = k
        k += 1

for (i, j) in x:
    if i != j and x[i, j].X > 0.5:
        color[j] = color[i]

print("solution:", color)
```

```
... (略) ...

Cutting planes:
  Clique: 164
  Zero half: 10

Explored 1 nodes (17012 simplex iterations) in 2.66 seconds
Thread count was 16 (of 16 available processors)

Solution count 3: 20 21 50

Optimal solution found (tolerance 1.00e-04)
Best objective 2.000000000000e+01, best bound 2.000000000000e+01, gap 0.0000%
solution: {3: 0, 11: 1, 13: 2, 16: 3, 17: 4, 21: 5, 24: 5, 25: 7, 28: 8, 30: 9, 33:↵
```

10, 34: 11, 35: 19, 38: 4, 40: 14, 41: 15, 44: 16, 46: 17, 47: 0, 49: 19, 0: 0, 1:↩
1, 19: 0, 45: 2, 4: 3, 6: 3, 32: 4, 9: 5, 14: 5, 42: 5, 2: 7, 18: 7, 36: 8, 48: ↩
15, 12: 19, 39: 9, 23: 10, 10: 11, 27: 11, 7: 10, 15: 10, 5: 4, 22: 14, 26: 14, 31:↩
15, 29: 16, 20: 17, 37: 17, 43: 0, 8: 19}

■ 12.2.5　制約最適化ソルバーによる求解

上では数理最適化ソルバーを用いてグラフ彩色問題を解いたが，制約最適化ソルバー
SCOP を用いると，より簡潔に記述できる．

色数 K を固定した問題を考える．点 i に対して，領域 $\{1, 2, \ldots, K\}$ をもった変数 X_i
を用いる．枝 $(i, j) \in E$ に対しては，異なる色（値）をとる必要があるので，X_i と X_j
に対する相異制約（Alldiff）を定義する．破っている制約がなければ，K 色で彩色可能
と判定できる．

以下にコードを示す．

```
from scop import *

m = Model()

K = 20
nodes = [f"node_{i}" for i in V]
varlist = m.addVariables(nodes, range(K))

for (i, j) in E:
    con1 = Alldiff(f"alldiff_{i}_{j}", [varlist[i], varlist[j]], "inf")
    m.addConstraint(con1)

m.Params.TimeLimit = 10
sol, violated = m.optimize()

if m.Status == 0:
    print("solution")
    for x in sol:
        print(x, sol[x])
    print("violated constraint(s)")
    for v in violated:
        print(v, violated[v])
```

```
=============== Now solving the problem ===============

solution
node_0 13
node_1 16
node_2 17
node_3 1
node_4 2
```

```
node_5 17
node_6 18
node_7 7
node_8 4
node_9 11
node_10 0
node_11 0
node_12 9
node_13 15
node_14 1
node_15 16
node_16 18
node_17 6
node_18 14
node_19 16
node_20 5
node_21 8
node_22 12
node_23 0
node_24 18
node_25 19
node_26 12
node_27 2
node_28 7
node_29 9
node_30 19
node_31 8
node_32 3
node_33 10
node_34 7
node_35 15
node_36 13
node_37 10
node_38 11
node_39 14
node_40 12
node_41 5
node_42 8
node_43 6
node_44 9
node_45 15
node_46 1
node_47 3
node_48 4
node_49 4
violated constraint(s)
```

12.3 構築法

グラフ彩色問題に対しては，以下の構築法が代表的である.

- seq_assignment: 与えられた点の番号の順に，彩色可能な最小の番号の色で塗っていく.
- largest_first: 点の次数（隣接する点の数）が大きいものから順に彩色する.
- dsatur: 構築法の途中で得た動的な情報をもとに，次に彩色する点を選択する. 具体的には，次に彩色する点を，隣接する点ですでに使われた色数が最大のもの（同点の場合には，彩色されていない隣接点の数が最大のもの）とする.
- recursive_largest_fit: 同じ色を塗ることができる点の集合（色クラス）は，互いに隣接していてはいけない. これは，安定集合に他ならない. 新しい色で彩色するための安定集合を順次求めることによって解を構築する.

```python
def seq_assignment(nodes, adj):
    """Sequential color assignment.

    Starting with one color, for the graph represented by 'nodes' and 'adj':
        * go through all nodes, and check if a used color can be assigned;
        * if this is not possible, assign it a new color.
    Returns the solution found and the number of colors used.
    """
    K = 0  # number of colors used
    color = [None for i in nodes]  # solution vector
    for i in nodes:
        # determine colors currently assigned to nodes adjacent to i:
        adj_colors = set([color[j] for j in adj[i] if color[j] != None])
        if LOG:
            print("adj_colors[%d]:\t%s" % (i, adj_colors), end=" ")
        for k in range(K):
            if k not in adj_colors:
                color[i] = k
                break
        else:
            color[i] = K
            K += 1
        if LOG:
            print("--> color[%d]: %s" % (i, color[i]))
    return color, K


def largest_first(nodes, adj):
    """Sequencially assign colors, starting with nodes with largest degree.
```

```
    Firstly sort nodes by decreasing degree, then call sequential
    assignment, and return the solution it determined.
    """
    # sort nodes by decreasing degree (i.e., decreasing len(adj[i]))
    tmp = []   # to hold a list of pairs (degree,i)
    for i in nodes:
        degree = len(adj[i])
        tmp.append((degree, i))
    tmp.sort()   # sort by degree
    tmp.reverse()   # for decreasing degree
    sorted_nodes = [i for degree, i in tmp]   # extract the nodes from the pairs
    return seq_assignment(sorted_nodes, adj)   # sequential assignment on ordered nodes

    # # more efficient (geek) version:
    # nnodes = reversed(sorted([(len(adj[i]),i) for i in nodes]))
    # return seq_assignment([i for _,i in nnodes], adj)


def dsatur(nodes, adj):
    """Dsatur algorithm (Brelaz, 1979).

    Dynamically choose the vertex to color next, selecting one that is
    adjacent to the largest number of distinctly colored vertices.
    Returns the solution found and the number of colors used.
    """
    unc_adj = [set(adj[i]) for i in nodes]   # currently uncolored adjacent nodes
    adj_colors = [set([]) for i in nodes]   # set of adjacent colors, for each vertex
    color = [None for i in nodes]   # solution vector

    K = 0
    U = set(nodes)   # yet uncolored vertices
    while U:
        # choose vertex with maximum saturation degree
        max_colors = -1
        for i in U:
            n = len(adj_colors[i])
            if n > max_colors:
                max_colors = n
                max_uncolored = -1
            # break ties: get index of node with maximal degree on uncolored nodes
            if n == max_colors:
                adj_uncolored = len(unc_adj[i])
                if adj_uncolored > max_uncolored:
                    u_star = i
                    max_uncolored = adj_uncolored
        if LOG:
            print("u*:", u_star, end=" ")
            print("\tadj_colors[%d]:\t%s" % (u_star, adj_colors[u_star]), end=" ")

        # find a color for node 'u_star'
```

```
        for k in range(K):
            if k not in adj_colors[u_star]:
                k_star = k
                break
        else:  # must use a new color
            k_star = K
            K += 1
        color[u_star] = k_star
        for i in unc_adj[u_star]:
            unc_adj[i].remove(u_star)
            adj_colors[i].add(k_star)

        U.remove(u_star)

        if LOG:
            print("--> color[%d]:%s" % (u_star, color[u_star]))
    return color, K


def recursive_largest_fit(nodes, adj):
    """Recursive largest fit algorithm (Leighton, 1979).

    Color vertices one color class at a time, in a greedy way.
    Returns the solution found and the number of colors used.
    """
    K = 0  # current color class
    V = set(nodes)  # yet uncolored vertices
    color = [None for i in nodes]  # solution vector
    unc_adj = [set(adj[i]) for i in nodes]  # currently uncolored adjacencies

    while V:

        # phase 1: color vertex with max number of connections to uncolored vertices
        max_edges = -1
        for i in V:
            n = len(unc_adj[i])
            if n > max_edges:
                max_edges = n
                u_star = i

        V.remove(u_star)
        color[u_star] = K
        for i in unc_adj[u_star]:
            unc_adj[i].remove(u_star)
        U = set(unc_adj[u_star])  # adj.vertices are uncolorable with current color
        V -= unc_adj[u_star]  # remove them from V
        if LOG:
            print("phase 1, u* =", u_star, "\tU =", U, "\tV =", V)

        # phase 2: check for other vertices that can have the same color (K)
```

```
        while V:
            # determine colorable vertex with maximum uncolorable adjacencies:
            max_edges = -1
            for i in V:
                v_adj = unc_adj[i] & U  # uncolorable, adjacent vertices
                n = len(v_adj)
                if n > max_edges:
                    max_edges = n
                    u_star = i
            V.remove(u_star)
            color[u_star] = K
            for i in unc_adj[u_star]:
                unc_adj[i].remove(u_star)

            # remove from V all adjacencies not colorable with K
            not_colored = unc_adj[u_star] & V
            V -= not_colored  # remove uncolored adjacencies from V
            U |= not_colored  # add them to U
            if LOG:
                print("phase 2, u* =", u_star, "\tU =", U, "\tV =", V)

        V = U  # update list of yet uncolored vertices
        K += 1  # switch to next color class

    return color, K


def check(nodes, adj, color):
    """Auxiliary function, for checking if a coloring is valid."""
    for i in nodes:
        for j in adj[i]:
            if color[i] != None and color[i] == color[j]:
                txt = "nodes %d,%d are connected and have the same color (%d)" % (
                    i,
                    j,
                    color[i],
                )
                raise ValueError(txt)
```

```
print("*** graph coloring problem ***")
print()

print("instance randomly created")
nodes, adj = gts.rnd_adj_fast(100, 0.5)

print("sequential assignment")
color, K = seq_assignment(nodes, adj)
print("solution: z =", K)
print(color)
```

```
print()
print("largest fit")
color, K = largest_first(nodes, adj)
print("solution: z =", K)
print(color)
print()
print("dsatur")
color, K = dsatur(nodes, adj)
print("solution: z =", K)
print(color)
print()
print("recursive largest fit")
color, K = recursive_largest_fit(nodes, adj)
print("solution: z =", K)
print(color)
print()
```

```
*** graph coloring problem ***

instance randomly created
sequential assignment
solution: z = 22
[0, 0, 0, 1, 2, 2, 1, 3, 2, 0, 3, 4, 4, 3, 2, 1, 5, 4, 1, 2, 1, 6, 4, 7, 8, 6, 4, ↵
5, 5, 5, 7, 9, 7, 3, 8, 5, 3, 9, 10, 1, 11, 10, 10, 8, 6, 8, 2, 6, 12, 13, 12, 0, ↵
8, 13, 11, 7, 13, 9, 14, 2, 13, 14, 3, 11, 15, 16, 14, 9, 15, 16, 10, 7, 16, 9, 17, ↵
 18, 7, 19, 7, 11, 6, 15, 16, 13, 18, 9, 17, 14, 18, 15, 9, 10, 12, 11, 9, 14, 19, ↵
4, 20, 21]

largest fit
solution: z = 21
[1, 8, 10, 1, 10, 6, 10, 18, 14, 17, 18, 5, 16, 18, 6, 4, 9, 12, 17, 17, 6, 0, 1, ↵
2, 7, 2, 9, 11, 12, 3, 10, 4, 16, 18, 9, 15, 2, 5, 0, 2, 1, 4, 2, 7, 0, 15, 16, 16, ↵
 0, 6, 0, 20, 7, 14, 15, 16, 3, 12, 11, 11, 7, 9, 8, 17, 5, 6, 3, 11, 5, 6, 11, 15, ↵
 2, 16, 1, 10, 14, 3, 0, 3, 13, 19, 6, 3, 12, 12, 8, 12, 4, 13, 12, 13, 9, 11, 8, ↵
1, 0, 13, 14, 8]

dsatur
solution: z = 17
[13, 6, 8, 1, 6, 15, 14, 5, 6, 10, 14, 2, 11, 0, 3, 8, 7, 2, 11, 1, 3, 13, 13, 10, ↵
5, 1, 0, 16, 5, 4, 4, 3, 2, 9, 5, 9, 5, 2, 11, 14, 1, 9, 16, 9, 0, 9, 1, 12, 11, 3, ↵
 11, 10, 3, 7, 9, 12, 6, 10, 16, 10, 4, 5, 8, 15, 2, 0, 5, 3, 7, 4, 11, 8, 12, 10, ↵
0, 10, 13, 6, 12, 8, 9, 13, 3, 13, 2, 16, 15, 14, 7, 7, 15, 14, 12, 1, 12, 8, 3, 4, ↵
 6, 1]

recursive largest fit
solution: z = 17
[6, 8, 15, 4, 8, 6, 1, 15, 9, 5, 15, 5, 10, 15, 2, 1, 10, 11, 7, 13, 2, 11, 3, 6, ↵
5, 1, 5, 14, 5, 3, 9, 2, 6, 15, 5, 14, 5, 6, 0, 0, 4, 14, 13, 8, 0, 14, 9, 12, 11, ↵
2, 1, 16, 2, 9, 1, 9, 3, 13, 13, 8, 10, 12, 16, 7, 14, 7, 3, 2, 10, 1, 8, 7, 4, 6, ↵
```

0, 8, 9, 7, 15, 7, 10, 3, 2, 3, 11, 10, 9, 3, 11, 0, 9, 6, 12, 13, 11, 4, 2, 12, ↵
12, 4]

12.4 メタヒューリスティクス

■ 12.4.1 タブーサーチ

彩色数 K を固定した問題を考える．枝の両端点が同色で塗られた枝を「悪い枝」と
よぶことにする．点 i に接続する悪い枝の数 $B(i)$ とすると，この問題における目的関
数は以下のように定義される．

$$\sum_{i=1}^{n} B(i)/2$$

彩色数 K は固定されているので，もし目的関数が 0 となる解が得られたときは，K 彩
色が得られたことになる．彩色数の上限は点の数 n であるので，2 分探索法を用いれ
ば最悪でも $\lceil \log_2 n \rceil$ 回だけ彩色数 K を固定した問題を解けば原問題の最適解が得られ
る．ちなみに，$\lceil \cdot \rceil$ は天井関数（ceiling function）であり，$\cdot$ 以上の最小の整数を表す．

この問題の目的関数値を減らすためには，接続する悪い枝の数 $B(i)$ が正の値をもつ
点の色を変える必要がある．したがって，$B(i) > 0$ である点に限定して色を変更する
操作を行う方が良いと考えられる．このような近傍の制限は，近傍が広い（近傍に含
まれる解の数が多い）ときに有効である．

以下に，彩色数 K を固定した場合に対する制限付き move 近傍を用いたタブーサー
チを示す．禁断リスト *tabu* には，点と色のペアを保管する．

```python
def tabu_search(nodes, adj, K, color, tabulen, max_iter, report=None):
    """Execute a tabu search for Graph Coloring starting from solution 'color'.

    The number of colores allowed is fixed to 'K'.  This function will search
    a coloring such that the number of conflicts (adjacent nodes with the same
    color) is minimum.  If a solution with no conflicts is found, it is
    returned immediately.

    Parameters:
     * nodes, adj - graph definition
     * K - number of colors allowed
     * colors - initial solution
     * tabulen - lenght of the tabu status
     * max_iter - allowed number of iterations
     * report - function used for output of best found solutions

    Returns the best solution found and its number of conflicts.
    """
    tabu = {}
```

```
        for i in nodes:
            for k in range(K):
                tabu[i, k] = 0

        best_sol = list(color)
        sum_bad_degree = evaluate(nodes, adj, color)
        bad_degree, best_color = calc_bad_degree(nodes, adj, color, K)
        best_obj = sum_bad_degree

        for it in range(max_iter):
            try:
                i_star, delta = find_move(nodes, adj, K, color, bad_degree, best_color)
            except UnboundLocalError:  # search blocked
                if report:
                    print("search blocked, returning")
                return best_sol, best_obj

            move(nodes, adj, K, color, bad_degree, best_color, i_star, it, tabu,
                tabulen)
            sum_bad_degree += delta

            if LOG:
                print("color:", color)
                print("iteration", it + 1, "\tsum_bad_degree:", sum_bad_degree)
                print()

            if sum_bad_degree < best_obj:  # update best found solution
                best_obj = sum_bad_degree
                best_sol = list(color)
                if report:
                    report(best_obj, "\t%d colors\titer:%d" % (K, it))
            if sum_bad_degree == 0:
                break  # found a feasible solution for this K, no need to continue

        # report final solution
        if report:
            report(best_obj, "\t%d colors\titer:%d" % (K, it))
        assert best_obj == evaluate(nodes, adj, best_sol)
        return best_sol, best_obj


def find_move(nodes, adj, K, color, bad_degree, best_color):
    """Find a non-tabu color exchange in a node on solution 'color'.

    Tabu information is implicit in 'best_color': tabu indices are
    have value 'None'.  The non-tabu neigbor solution (node and respective
    color) with largest improvement on the 'bad_degree' is selected.

    Returns the chosen node (color is implicit in 'best_color'), and the
    improvement on bad degree to which the movement leads.
```

```
    """
    min_bd = Infinity
    n = len(nodes)
    init = random.randint(0, n)

    for i_ in nodes:
        i = (i_ + init) % n  # randomize initial search position
        ki = color[i]
        kb = best_color[i]
        if (
            bad_degree[i, ki] > 0 and kb != None
        ):  # search only nodes with bad degree > 0
            delta = bad_degree[i, kb] - bad_degree[i, ki]
            if delta < min_bd:
                min_bd = delta
                i_star = i
            # if delta < 0:      # use this for first-improve
            #     return i_star, 2*min_bd

    # raises exception if search is blocked (as i_star is not instantiated)
    return i_star, 2 * min_bd


def move(nodes, adj, K, color, bad_degree, best_color, i_star, it, tabu, tabulen):
    """Execute a movement on solution 'color', and update the tabu information.

    Node 'i_star' is changed from its previous color to its 'best_color'.
    """
    old_color = color[i_star]
    new_color = best_color[i_star]

    # update bad_degree table
    for j in adj[i_star]:
        bad_degree[j, old_color] -= 1
        bad_degree[j, new_color] += 1

    # do the move
    color[i_star] = new_color
    if LOG:
        print("color[%d]  %d --> %d" % (i_star, old_color, color[i_star]))

    # update tabu list
    tabu[i_star, old_color] = it + int(tabulen * random.random()) + 1

    # update best color for i_star and each node adjacent
    changed = list(adj[i_star])
    changed.append(i_star)
    for j in changed:
        min_bd = Infinity
        kj = color[j]
```

```
            best_color[j] = None
        for k in range(K):
            if bad_degree[j, k] == 0:  # aspiration criterion
                best_color[j] = k
                break
            if kj != k and tabu[j, k] < it:
                if bad_degree[j, k] < min_bd:
                    min_bd = bad_degree[j, k]
                    best_color[j] = k

def rsatur(nodes, adj, K):
    """Saturation algorithm adapted to produce K classes.

    Dynamically choose the vertex to color next, selecting one that is
    adjacent to the largest number of distinctly colored vertices.
    If a non-conflicting color cannot be found, randomly choose a color
    from the K classes.
    Returns the solution constructed.
    """
    unc_adj = [set(adj[i]) for i in nodes]  # currently uncolored adjacent nodes
    adj_colors = [set([]) for i in nodes]  # colors adjacent to each vertex
    color = [None for i in nodes]  # solution vector

    U = set(nodes)
    while U:
        # choose vertex with maximum saturation degree
        max_colors = -1
        for i in U:
            n = len(adj_colors[i])
            if n > max_colors:
                max_colors = n
                max_uncolored = -1
            # break ties: get index of node with maximal degree on uncolored nodes
            if n == max_colors:
                adj_uncolored = len(unc_adj[i])
                if adj_uncolored > max_uncolored:
                    u_star = i
                    max_uncolored = adj_uncolored

        # find a color for node 'u-star'
        colors = list(range(K))
        random.shuffle(colors)
        for k in colors:
            if k not in adj_colors[u_star]:
                k_star = k
                break
        else:  # must use a conflicting color
            k_star = random.randint(0, K - 1)
        color[u_star] = k_star
        for i in unc_adj[u_star]:
```

```
            unc_adj[i].remove(u_star)
            adj_colors[i].add(k_star)

        U.remove(u_star)

    return color


def rand_color(nodes, K):
    """Randomly assign a color from K classes to a set of nodes.

    Returns the solution constructed.
    """
    n = len(nodes)
    color = [random.randint(0, K - 1) for i in nodes]
    return color


def evaluate(nodes, adj, color):
    """Evaluate the number of conflicts of solution 'color'."""
    total = 0
    for i in nodes:
        for j in adj[i]:
            if color[i] == color[j]:
                total += 1
    return total


def calc_bad_degree(nodes, adj, color, K):
    """Calculate the number of conflicts for each node switching to each color.

    Returns two structures:
      * dictionary 'bad_degree[i,k]', which contains the conflicts
        that will be obtained if node 'i' switches to color k
      * list 'best_color', holding, for each node, index 'k' of color that will
        produce the minimum of conflicts is assigned to the node.
    """
    n = len(nodes)
    bad_degree = {}
    for i in nodes:
        for k in range(K):
            bad_degree[i, k] = 0

    # calculate bad degree for each node
    for i in nodes:
        for j in adj[i]:
            kj = color[j]
            bad_degree[i, kj] += 1

    # calculate the best color for each node, on the current setting
```

```
        best_color = [None for i in nodes]
        for i in nodes:
            min_bd = Infinity
            for k in range(K):
                if color[i] != k and bad_degree[i, k] < min_bd:
                    min_bd = bad_degree[i, k]
                    best_color[i] = k

        return bad_degree, best_color
```

```
nodes, adj = gts.rnd_adj_fast(100, 0.5)
K = 15  # tentative number of colors
print("tabu search, trying coloring with", K, "colors")
color = rsatur(nodes, adj, K)
print("starting solution: z =", evaluate(nodes, adj, color))
print("color:", color)
print()

print("starting tabu search")
tabulen = K
max_iter = 1000
color, sum_bad_degree = tabu_search(nodes, adj, K, color, tabulen, max_iter)
print("final solution: z =", sum_bad_degree)
print("color:", color)
```

```
tabu search, trying coloring with 15 colors
starting solution: z = 64
color: [8, 7, 0, 4, 6, 7, 10, 12, 8, 14, 0, 10, 9, 8, 13, 10, 12, 2, 13, 13, 6, 9, ↩
2, 6, 3, 13, 1, 7, 2, 14, 4, 11, 1, 12, 4, 1, 11, 4, 14, 3, 14, 0, 9, 7, 5, 2, 11, ↩
4, 11, 0, 5, 4, 0, 3, 8, 10, 12, 10, 8, 3, 5, 14, 0, 14, 13, 0, 0, 2, 3, 13, 14, ↩
10, 5, 5, 1, 0, 5, 7, 3, 8, 5, 9, 2, 9, 3, 8, 9, 6, 12, 12, 0, 11, 13, 5, 10, 1, 1,↩
 7, 1, 6]

starting tabu search
final solution: z = 4
color: [2, 13, 0, 12, 9, 7, 6, 8, 1, 6, 1, 6, 12, 8, 13, 9, 12, 6, 13, 13, 6, 3, 2,↩
 11, 9, 13, 0, 7, 2, 2, 3, 11, 5, 14, 8, 5, 12, 4, 7, 3, 1, 0, 14, 14, 5, 2, 11, ↩
14, 9, 3, 14, 12, 0, 3, 8, 10, 10, 10, 8, 9, 11, 4, 0, 1, 13, 1, 4, 2, 12, 13, 7, ↩
10, 12, 5, 3, 0, 5, 7, 11, 8, 6, 4, 2, 4, 4, 10, 1, 9, 1, 9, 0, 3, 0, 8, 10, 6, 3, ↩
10, 11, 14]
```

■ 12.4.2 遺伝的アルゴリズムとタブーサーチの融合法

タブーサーチは，広い範囲の問題例に対して，比較的短時間で良好な近似解を算出するので推奨されるが，より長い時間を要してさらに良い解を探索したい場合には，複数の解を保持して，その集団を改良していく方法を用いることができる．ここでは簡単な遺伝的アルゴリズムとの融合を用いる．この融合法は，改善法を遺伝的アルゴ

リズムに組み込んだ方法（遺伝的近傍探索法）と考えられる．

まず，集団から親を選択する方法について述べる．集団 P 内に保持された解を目的関数値（この場合には悪い枝の数）の小さい順に $0, 1, \cdots, |P| - 1$ と並べておく．この順位をランクとよぶ．ランクの小さな解を優先し，かつランダムに親を選択することを考える．i 番目のランクをもつ解が親として選択される確率を $|P| - i$ に比例させるものとする．$m = |P|(|P| + 1)/2$ としたとき，選択確率は

$$\frac{|P| - i}{m}$$

となる．

この確率でランダムに選択された相異なる 2 つの解（親）に対応する K 分割を，$\Upsilon^1 = \{V_1^1, \ldots, V_K^1\}$，$\Upsilon^2 = \{V_1^1, \ldots, V_K^2\}$ とする．2 つの親の形質をなるべく均等に取り入れ，かつ各色クラスの位数（含まれる点の個数）が大きくなるようにしたいので，各親から交互になるべく位数の大きな色クラスを選択することにする．これを擬似コードとして記述すると以下のようになる．

$\Upsilon^1 = \{V_1^1, \ldots, V_K^1\}$，$\Upsilon^2 = \{V_1^1, \ldots, V_K^2\}$ に対する交叉

- 生成する子 $\Upsilon := \emptyset$

- **for all** $i = 1, \ldots, K$ **do**
  - i が奇数のときは親番号 $p = 1$，偶数のときは親番号 $p = 2$
  - $k^* := argmax_k\{|V_k^p|\}$
  - 色クラス $V_{k^*}^p$ を子 Υ に追加
  - 色クラス $V_{k^*}^p$ 内の点を Υ^1, Υ^2 から削除
  - まだ色が塗られていない点に対してランダムに $1, \ldots, K$ を彩色

- **return** Υ

上の交叉を用いることによって，遺伝的アルゴリズムとタブーサーチの融合法が構築できる．

```
def gcp_ga(nodes, adj, K, ngen, nelem, TABULEN, TABUITER, report=None):
    """Evolve a Genetic Algorithm, with crossover and mutation based on Hao 1999.

    A population of 'nelem' elements is evolved for 'ngen' generations.
    The number of colores allowed is fixed to 'K'.  This function will search
    a coloring such that the number of conflicts (adjacent nodes with the same
    color) is minimum.  If a solution with no conflicts is found, it is
    returned immediately.

    Parameters:
     * K - number of colors
     * ngen - number of generations
     * nelem - number of elements to keep in population
```

```
    * TABUITER - number of tabu search iterations to do on each newly created solution
    * report - function to call to log best found solutions

Returns the best solution found and its number of conflicts.
"""


# Implement selection based on rank.
# Probabilities are inversely proportional to the rank:
# p_i = (n-i)/(n*(n+1)/2)    i=0,1,...,n-1
p = [(nelem - i) / (nelem * (nelem + 1.0) / 2) for i in range(nelem)]
psum = [sum(p[0 : i + 1]) for i in range(nelem)]


def select():
    r = random.random()
    for i in range(len(psum)):
        if psum[i] > r:
            return i
    return len(psum)


# initialize population
sols = []  # sols[i] -> element i of population, a tuple (obj,sol)
i = 0
while i < nelem:
    newsol = rsatur(nodes, adj, K)  # solution construction
    obj = evaluate(nodes, adj, newsol)  # do not improve initial solution

    if LOG:
        printsol(i, K, obj, newsol)
    if (obj, newsol) not in sols:
        sols.append((obj, newsol))
        i += 1
    elif LOG:
        print("solution was already in pool, skiping")
sols.sort()  # key for sorting is obj (the first element of each tuple)

# best found solution:
best_obj = sols[0][0]  # sol[0] is the solution with lowest obj
best_sol = list(sols[0][1])
if best_obj == 0:  # feasible solution for K colors found
    return best_sol, best_obj
if report:
    report(best_obj, "\t%d colors\tgeneration:%d" % (K, 0))

# start evolution
for g in range(ngen):
    if LOG:
        # print population on some generations
        if not g % 10:
            print()
            print("GENERATION", g, "\t (%d colors)" % K)
```

```python
        for i in range(len(sols)):
            printsol(i, K, sols[i][0], sols[i][1])

    # solution recombination
    p1 = select()  # select parents
    p2 = select()
    sol1 = sols[p1][1]  # extract solution list
    sol2 = sols[p2][1]
    newsol = crossover(nodes, sol1, sol2, K)  # recombination
    if LOG:
        print()
        print("xover of ", p1, "and", p2, "\t-->", newsol)

    # mutation:
    newsol, obj = tabu_search(nodes, adj, K, newsol, TABULEN, g + 1)
    if LOG:
        print("mutate (tabu search) \t--> %s (obj=%d)" % (newsol, obj))

    # update best found solution
    if obj < best_obj:
        best_obj = obj
        best_sol = list(newsol)
        if report:
            report(best_obj, "\t%d colors\tgeneration:%d" % (K, g))
        if obj == 0:  # feasible solution for K colors found
            return best_sol, best_obj

    # if solution is not in population, and is better than the worst element, ↵
      insert it
    if (obj, newsol) in sols:
        if LOG:
            print("solution already exists in population")
        continue

    if obj < sols[-1][0] or len(sols) < nelem:
        bisect.insort(sols, (obj, newsol))
    while len(sols) > nelem:
        sols.pop(-1)  # remove worst element

# report final solution
if report:
    report(best_obj, "\t%d colors\tgeneration:%d" % (K, ngen))

if LOG:
    print("final solutions:")
    for i in range(len(sols)):
        printsol(i, K, sols[i][0], sols[i][1])
    print()

return best_sol, best_obj
```

```
def crossover(nodes, s1, s2, K):
    """Create a solution based on 's1' and 's2', according to Hao 1999."""
    # count number of nodes colored with each color in the incoming solutions
    n1 = [s1.count(k) for k in range(K)]
    n2 = [s2.count(k) for k in range(K)]

    new = [None for i in nodes]  # solution to be created with crossover
    for l in range(K):
        if l % 2:
            src, n = s1, n1  # odd  color, select source from parent 1
        else:
            src, n = s2, n2  # even color, select source from parent 2

        # determine color appearing in most nodes of the selected candidate
        nmax = -1
        for k in range(K):
            if n[k] > nmax:
                kmax = k   # color on most nodes
                nmax = n[k]  # number of nodes colored with it
        if nmax <= 0:  # no candidates, all colors already assigned
            break

        # color nodes whose color in the parent is kmax
        for i in nodes:
            if src[i] == kmax and new[i] == None:
                new[i] = kmax

                # update candidate's information:
                # decrease counters for each node with color kmax
                if s1[i] == kmax:
                    n1[kmax] -= 1
                if s2[i] == kmax:
                    n2[kmax] -= 1

    # for nodes with no color attributed, choose a random color
    for i in nodes:
        if new[i] == None:
            new[i] = random.randint(0, K - 1)

    return new
```

```
nodes, adj = gts.rnd_adj_fast(100, 0.5)
K = 15  # tentative number of colors
print(
    "genetic algorithm (intensification with tabu search), trying coloring with",
    K,
    "colors",
```

```
)
color = rsatur(nodes, adj, K)
print("starting solution: z =", evaluate(nodes, adj, color))
print("color:", color)
print()

print("starting evolution with genetic algorithm")
nelem = 10
ngen = 100
TABULEN = K
TABUITER = 100
color, sum_bad_degree = gcp_ga(nodes, adj, K, ngen, nelem, TABULEN, TABUITER)
print("final solution: z =", sum_bad_degree)
print("color:", color)
```

```
genetic algorithm (intensification with tabu search), trying coloring with 15 ↵
colors
starting solution: z = 112
color: [6, 6, 5, 1, 13, 11, 14, 8, 2, 9, 9, 7, 14, 9, 13, 4, 0, 14, 8, 6, 0, 12, ↵
10, 2, 1, 11, 9, 6, 7, 10, 7, 3, 10, 5, 2, 2, 11, 7, 11, 5, 9, 12, 3, 1, 0, 8, 7, ↵
12, 8, 5, 13, 1, 3, 14, 13, 4, 4, 5, 2, 13, 11, 10, 12, 10, 3, 11, 10, 9, 14, 6, 3,↵
 13, 4, 2, 3, 0, 14, 6, 10, 4, 0, 1, 9, 11, 7, 3, 11, 1, 12, 13, 14, 5, 8, 12, 1, ↵
5, 0, 6, 4, 9]
```

```
starting evolution with genetic algorithm
final solution: z = 0
color: [2, 14, 4, 3, 12, 4, 9, 4, 10, 7, 0, 12, 4, 5, 14, 7, 2, 6, 8, 13, 8, 11, 9,↵
 9, 5, 10, 9, 1, 14, 13, 14, 5, 9, 3, 2, 0, 10, 12, 8, 6, 11, 11, 7, 2, 8, 4, 12, ↵
1, 2, 14, 3, 9, 0, 1, 11, 0, 0, 5, 9, 3, 8, 2, 7, 3, 10, 0, 14, 11, 5, 1, 3, 12, 1,↵
 2, 7, 12, 9, 6, 8, 0, 7, 13, 6, 7, 12, 5, 8, 4, 11, 6, 13, 14, 1, 13, 10, 4, 14, ↵
10, 13, 6]
```

```
G = gts.to_nx_graph(nodes, adj)
# print(G.edges())
```

```
pos = nx.layout.spring_layout(G)
node_color = [color[i] for i in G.nodes()]
nx.draw(
    G,
    pos=pos,
    with_labels=False,
    node_color=node_color,
    node_size=50,
    width=0.1,
    cmap=plt.cm.cool,
    edge_color="black",
)
```

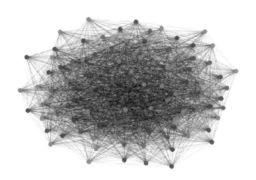

12.5 枝彩色問題

グラフ彩色問題が点に色を塗るのに対して，**枝彩色問題**（edge coloring problem）では，枝に色を塗る．グラフ理論では，2つの問題は区別して研究されているが，最適化の観点では（簡単に帰着できるという意味で）ほぼ同値な問題である．

無向グラフ $G = (V, E)$ に対する枝彩色問題は，枝（点の対）上に点を配置し，端点を共有する枝に対応する点の間に枝をはったグラフ（線グラフ）L に対する（点）彩色に帰着される．

例として完全グラフに対する枝彩色を行う．8点の完全グラフに対する枝彩色は7になることが知られており，これは8チームの総当りのトーナメントが7日で完了することを表している．

```
G = nx.complete_graph(8)
L = nx.line_graph(G)
nx.draw(G)
```

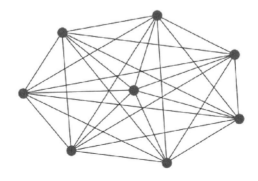

点彩色問題に変換したグラフ（線グラフ）を描く．

```
nx.draw(L)
```

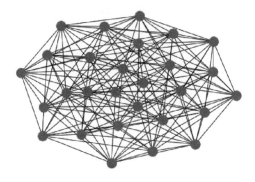

点彩色問題をメタヒューリスティクスで解く.

```
K = 7
mapping = dict(zip(L.nodes(), list(range(len(L)))))
G2 = nx.relabel_nodes(L, mapping)

nodes = G2.nodes()
adj = [set([]) for i in nodes]
for (i, j) in G2.edges():
    adj[i].add(j)
    adj[j].add(i)

color = rsatur(nodes, adj, K)
print("starting solution: z =", evaluate(nodes, adj, color))
print("color:", color)
print()

print("starting evolution with genetic algorithm")
nelem = 10
ngen = 100
TABULEN = K
TABUITER = 100
color, sum_bad_degree = gcp_ga(nodes, adj, K, ngen, nelem, TABULEN, TABUITER)
print("final solution: z =", sum_bad_degree)
print("color:", color)
```

```
starting solution: z = 0
color: [6, 5, 1, 5, 4, 6, 2, 3, 0, 3, 4, 3, 1, 0, 4, 1, 6, 5, 0, 2, 4, 0, 5, 2, 6, ↩
1, 3, 2]

starting evolution with genetic algorithm
final solution: z = 0
color: [0, 1, 3, 0, 2, 3, 4, 5, 0, 1, 6, 6, 5, 2, 1, 5, 4, 3, 4, 5, 1, 4, 3, 2, 0, ↩
6, 6, 2]
```

以下のような 7 色の点彩色が得られる.

```
nx.draw(
    L,
    with_labels=False,
    node_color=color,
    node_size=100,
    cmap=plt.cm.cool,
    edge_color="black",
    width=1,
)
```

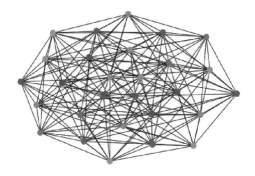

枝彩色に戻して描画する. 色はトーナメントの日を表し, 7 日でトーナメントが終了することが分かる.

```
col = {}
for i, (u, v) in enumerate(L.nodes()):
    col[u, v] = color[i]
edge_color = []
for (u, v) in G.edges():
    edge_color.append(col[u, v])
nx.draw(
    G,
    with_labels=False,
    node_color="b",
    node_size=100,
    cmap=plt.cm.afmhot,
    edge_color=edge_color,
    width=5,
)
```

A 付録1: 商用ソルバー

- 求解に使用した商用ソルバー

A.1 商用ソルバー

本書では，以下の商用ソルバーを利用している．
- 数理最適化ソルバー Gurobi
- 制約最適化ソルバー SCOP
- スケジューリング最適化ソルバー OptSeq
- 配送最適化ソルバー METRO
- ロジスティクス・ネットワーク設計システム MELOS
- シフト最適化システム OptShift
- 集合被覆最適化ソルバー OptCover
- 一般化割当最適化ソルバー OptGAP
- パッキング最適化ソルバー OptPack
- 巡回セールスマン最適化ソルバー CONCORDE, LKH

A.2 Gurobi

数理最適化ソルバー Gurobi は，https://www.gurobi.com/ からダウンロード・インストールできる．アカデミックは無料であり，インストール後 1 年間使用することができる．日本における総代理店は，オクトーバースカイ社 https://www.octobersky.jp/ である．

Gurobi で対象とするのは，数理最適化問題である．数理最適化とは，実際の問題を数式として書き下すことを経由して，最適解，もしくはそれに近い解を得るための方法論である．通常，数式は 1 つの目的関数と幾つかの満たすべき条件を記述した制約式から構成される．

目的関数とは，対象とする問題の総費用や総利益などを表す数式であり，総費用のように小さい方が嬉しい場合には最小化，総利益のように大きい方が嬉しい場合には最大化を目的とする．問題の本質は最小化でも最大化でも同じである（最大化は目的関数にマイナスの符号をつければ最小化になる）．

Gurobi の文法の詳細については，拙著『あたらしい数理最適化—Python 言語と Gurobi で解く—』（近代科学社, 2012）を参照されたい．

オープンソースの数理最適化ソルバーもある．本書では，Gurobi と同様の文法で記述できる mypulp (オープンソースの PuLP のラッパーモジュール) を用いている．

mypulp やその他のオープンソースライブラリの詳細については，拙著『Python 言語による
ビジネスアナリティクス—実務家のための最適化・統計解析・機械学習—』（近代科学社, 2016）
を参照されたい．

A.3　SCOP

SCOP（Solver for COnstraint Programing: スコープ）は，大規模な制約最適化問題を高速に
解くためのソルバーである．

ここで，制約最適化（constraint optimization）数理最適化を補完する最適化理論の体系であ
り，組合せ最適化問題に特化した求解原理—メタヒューリスティクス（metaheuristics）—を用
いるため，数理最適化ソルバーでは求解が困難な大規模な問題に対しても，効率的に良好な解
を探索することができる．

このモジュールは，すべて Python で書かれたクラスで構成されている．SCOP のトライア
ルバージョンは，`http://logopt.com/scop2/` からダウンロード，もしくは GitHub（`https: //github.com/mikiokubo/scoptrial` ）からクローンできる．また，テクニカルドキュメン
トは，`https://scmopt.github.io/manual/14scop.html` にある．

SCOP で対象とするのは，汎用の重み付き制約充足問題である．

一般に**制約充足問題**（constraint satisfaction problem）は，以下の 3 つの要素から構成される．
- 変数（variable）：分からないもの，最適化によって決めるもの．制約充足問題では，変数
は，与えられた集合（以下で述べる「領域」）から 1 つの要素を選択することによって決め
られる．
- 領域（domain）：変数ごとに決められた変数の取り得る値の集合．
- 制約（constraint）：幾つかの変数が同時にとることのできる値に制限を付加するための条件．
SCOP では線形制約（線形式の等式，不等式），2 次制約（一般の 2 次式の等式，不等式），
相異制約（集合に含まれる変数がすべて異なることを表す制約）が定義できる．

制約充足問題は，制約をできるだけ満たすように，変数に領域の中の 1 つの値を割り当て
ることを目的とした問題である．

SCOP では，**重み付き制約充足問題**（weighted constraint satisfaction problem）を対象とする．

ここで「制約の重み」とは，制約の重要度を表す数値であり，SCOP では正数値もしくは無限
大を表す文字列 'inf' を入力する．'inf' を入力した場合には，制約は**絶対制約**（hard constraint）
とよばれ，その逸脱量は優先して最小化される．重みに正数値を入力した場合には，制約は**考
慮制約**（soft constraint）とよばれ，制約を逸脱した量に重みを乗じたものの和の合計を最小化
する．

すべての変数に領域内の値を割り当てたものを**解**（solution）とよぶ．SCOP では，単に制
約を満たす解を求めるだけでなく，制約からの逸脱量の重み付き和（ペナルティ）を最小にす
る解を探索する．

■ A.3.1　SCOP モジュールの基本クラス

SCOP は，以下のクラスから構成されている．
- モデルクラス Model

- 変数クラス Variable
- 制約クラス Constraint (これは，以下のクラスのスーパークラスである)
  - 線形制約クラス Linear
  - 2 次制約クラス Quadratic
  - 相異制約クラス Alldiff

A.4 OptSeq

スケジューリング（scheduling）とは，稀少資源を諸活動へ（時間軸を考慮して）割り振るための方法に対する理論体系である．スケジューリングの応用は，工場内での生産計画，計算機におけるジョブのコントロール，プロジェクトの遂行手順の決定など，様々である．

ここで考えるのは，以下の一般化資源制約付きスケジューリングモデルであり，ほとんどの実際問題をモデル化できるように設計されている．

- 複数の作業モードをもつ作業
- 時刻依存の資源使用可能量上限
- 作業ごとの納期と重み付き納期遅れ和
- 作業の後詰め
- 作業間に定義される一般化された時間制約
- モードごとに定義された時刻依存の資源使用量
- モードの並列処理
- モードの分割処理
- 状態の考慮

OptSeq（オプトシーク）は，一般化スケジューリング問題に対する最適化ソルバーである．スケジューリング問題は，通常の混合整数最適化ソルバーが苦手とするタイプの問題であり，実務における複雑な条件が付加されたスケジューリング問題に対しては，専用の解法が必要となる．OptSeq は，スケジューリング問題に特化した**メタヒューリスティクス**（metaheuristics）を用いることによって，大規模な問題に対しても短時間で良好な解を探索することができるように設計されている

このモジュールは，すべて Python で書かれたクラスで構成されている．OptSeq のトライアルバージョンは，`http://logopt.com/optseq/` からダウンロード，もしくは GitHub（`https://github.com/mikiokubo/optseqtrial`）からクローンできる．また，テクニカルドキュメントは，`https://scmopt.github.io/manual/07optseq.html` にある．

■ A.4.1 OptSeq モジュールの基本クラス

行うべき仕事（ジョブ，作業，タスク）を**作業**（activity; 活動）とよぶ．スケジューリング問題の目的は作業をどのようにして時間軸上に並べて遂行するかを決めることであるが，ここで対象とする問題では作業を処理するための方法が何通りかあって，そのうち 1 つを選択することによって処理するものとする．このような作業の処理方法を**モード**（mode）とよぶ．

納期や納期遅れのペナルティ（重み）は作業ごとに定めるが，作業時間や資源の使用量はモードごとに決めることができる．

作業を遂行するためには**資源**（resource）を必要とする場合がある．資源の使用可能量は時刻ごとに変化しても良いものとする．また，モードごとに定める資源の使用量も作業開始からの経過時間によって変化しても良いものとする．通常，資源は作業完了後には再び使用可能になるものと仮定するが，お金や原材料のように一度使用するとなくなってしまうものも考えられる．そのような資源を**再生不能資源**（nonrenewable resource）とよぶ．

作業間に定義される**時間制約**（time constraint）は，ある作業（先行作業）の処理が終了するまで，別の作業（後続作業）の処理が開始できないことを表す先行制約を一般化したものであり，先行作業の開始（完了）時刻と後続作業の開始（完了）時刻の間に以下の制約があることを規定する．

- 先行作業の開始（完了）時刻 + 時間ずれ ≤ 後続作業の開始（完了）時刻

ここで，時間ずれは任意の整数値であり負の値も許すものとする．この制約によって，作業の同時開始，最早開始時刻，時間枠などの様々な条件を記述することができる．

OptSeq では，モードを作業時間分の小作業の列と考え，処理の途中中断や並列実行も可能であるとする．その際，中断中の資源使用量や並列作業中の資源使用量も別途定義できるものとする．

また，時刻によって変化させることができる**状態**（state）が準備され，モード開始の状態の制限やモードによる状態の推移を定義できる．

A.5 METRO

METRO（MEta Truck Routing Optimizer）は，配送計画問題に特化したソルバーである．METRO では，ほとんどの実際問題を解けるようにするために，以下の一般化をした配送計画モデルを考える．
- 複数時間枠制約
- 多次元容量非等質運搬車
- 配達・集荷
- 積み込み・積み降ろし
- 複数休憩条件
- スキル条件
- 優先度付き
- パス型許容
- 複数デポ（運搬車ごとの発地，着地）

SCMOPT プロジェクトの一部としてデモが https://www.logopt.com/demo/ にあり，概要は https://www.logopt.com/metro/ にある．また，テクニカルドキュメントは，https://scmopt.github.io/manual/02metro.html にある．

A.6 MELOS

MELOS（MEta Logistics Optimization System）は，ロジスティクス・ネットワーク設計問題に対する最適化システムである．

SCMOPT プロジェクトの一部としてデモが https://www.logopt.com/demo/ にあり，概要は https://www.logopt.com/melos/ にある．また，テクニカルドキュメントは，https://scmopt.github.io/manual/05lnd.html にある．

A.7　MESSA

MESSA（MEta Safety Stock Allocation system）は，在庫計画問題に対する最適化システムである．

SCMOPT プロジェクトの一部としてデモが https://www.logopt.com/demo/ にあり，概要は https://www.logopt.com/messa/ にある．また，テクニカルドキュメントは，https://scmopt.github.io/manual/03inventory.html にある．

A.8　OptLot

OptLot は，動的ロットサイズ決定問題に対する最適化システムである．

SCMOPT プロジェクトの一部としてデモが https://www.logopt.com/demo/ にあり，概要は https://www.logopt.com/optlot/ にある．また，テクニカルドキュメントは，https://scmopt.github.io/manual/11lotsize.html にある

A.9　OptShift

OptShift は，シフト計画問題に対する最適化システムである．

SCMOPT プロジェクトの一部としてデモが https://www.logopt.com/demo/ にある．また，テクニカルドキュメントは，https://scmopt.github.io/manual/10shift.html にある

A.10　OptCover

OptCover は，大規模な集合被覆問題を高速に解くためのソルバーである．アカデミック利用は無料であり，作者に直接連絡をとることによって利用可能である．作者の HP を以下に示す．

http://www.co.mi.i.nagoya-u.ac.jp/~yagiura/

商用の場合には以下のサイトを参照されたい．

https://www.logopt.com/optcover/

A.11　OptGAP

OptGAP は，大規模な一般化割当問題を高速に解くためのソルバーである．アカデミック利用は無料であり，作者に直接連絡をとることによって利用可能である．作者の HP を以下に

示す.
http://www.co.mi.i.nagoya-u.ac.jp/~yagiura/
商用の場合には以下のコンタクトフォームを使用されたい.
https://www.logopt.com/contact-us/#contact

A.12 OptPack

OptPack は,大規模な 2 次元パッキング問題を高速に解くためのソルバーである.アカデ
ミック利用は無料であり,作者に直接連絡をとることによって利用可能である.作者の HP を
以下に示す.
https://sites.google.com/g.chuo-u.ac.jp/imahori/
商用の場合には以下のコンタクトフォームを使用されたい.
https://www.logopt.com/contact-us/#contact

A.13 CONCORDE

CONCORDE は,巡回セールスマン問題に対する厳密解法と近似解法であり,以下のサイト
からダウンロードできる.
https://www.math.uwaterloo.ca/tsp/concorde/downloads/downloads.htm
アカデミック利用は無料であるが,商用利用の場合には作者の William Cook に連絡をする
必要がある.

A.14 LKH

LKH は,巡回セールスマン問題に対する近似解法(Helsgaun による Lin-Kernighan 法)で
あり,以下のサイトからダウンロードできる.
http://webhotel4.ruc.dk/~keld/research/LKH-3/
アカデミック・非商用のみ無料であるが,商用利用の場合には作者の Keld Helsgaun に連絡
をする必要がある.

B 付録2: グラフに対する基本操作

- ここでは，グラフに関する基本的な関数を定義しておく．

B.1 本章で使用するパッケージ

```
import random, math
import networkx as nx
import plotly.graph_objs as go
import plotly
```

B.2 グラフの基礎

　グラフ（graph）は点（node, vertex, point）集合 V と枝（edge, arc, link）集合 E から構成され，$G = (V, E)$ と記される．点集合の要素を $u, v(\in V)$ などの記号で表す．枝集合の要素を $e(\in E)$ と表す．2 点間に複数の枝がない場合には，両端点 u, v を決めれば一意に枝が定まるので，枝を両端にある点の組として (u, v) もしくは uv と表すことができる．

　枝の両方の端にある点は，互いに隣接（adjacent）しているとよばれる．また，枝は両端の点に接続（incident）しているとよばれる．点に接続する枝の本数を次数（degree）とよぶ．

　枝に「向き」をつけたグラフを有向グラフ (directed graph, digraph) とよび，有向グラフの枝を有向枝 (directed edge, arc, link) とよぶ．一方，通常の（枝に向きをつけない）グラフであることを強調したいときには，グラフを無向グラフ（undirected graph）とよぶ．点 u から点 v に向かう有向枝 $(u, v) \in E$ に対して，u を枝の尾（tail）もしくは始点，v を枝の頭（head）もしくは終点とよぶ．また，点 v を u の後続点（successor），点 u を v の先行点（predecessor）とよぶ．

　パス（path）とは，点とそれに接続する枝が交互に並んだものである．同じ点を通過しないパスを，特に単純パス（simple path）とよぶ．閉路（circuit）とは，パスの最初の点（始点）と最後の点（終点）が同じ点であるグラフである．同じ点を通過しない閉路を，特に単純閉路（cycle）とよぶ．

　完全グラフ（complete graph）とは，すべての点間に枝があるグラフである．完全2部グラフ（complete bipartite graph）とは，点集合を2つの部分集合に分割して，（各集合内の点同士の間には枝をはらず；これが2部グラフの条件である）異なる点集合に含まれるすべての点間に枝をはったグラフである．

B.3 ランダムグラフの生成

以下の関数では，グラフは点のリスト nodes と隣接点（の集合）のリスト adj として表現している．

ここで生成するグラフは，『メタヒューリスティクスの数理』（共立出版, 2019）で用いられたものであり，グラフ問題に対する様々なメタヒューリスティクスで用いられる．

- rnd_graph: 点数 n と点の発生確率 prob を与えるとランダムグラフの点リスト nodes と枝リスト edges を返す．
- rnd_adj: 点数 n と点の発生確率 prob を与えるとランダムグラフの点リスト nodes と隣接点のリスト adj を返す．
- rnd_adj_fast: rnd_adj 関数の高速化版．大きなランダムグラフを生成する場合には，こちらを使う．
- adjacent: 点リスト nodes と枝リスト edges を与えると，隣接点のリスト adj を返す．

```python
def rnd_graph(n, prob):
    """Make a random graph with 'n' nodes, and edges created between
    pairs of nodes with probability 'prob'.
    Returns a pair, consisting of the list of nodes and the list of edges.
    """
    nodes = list(range(n))
    edges = []
    for i in range(n - 1):
        for j in range(i + 1, n):
            if random.random() < prob:
                edges.append((i, j))
    return nodes, edges


def rnd_adj(n, prob):
    """Make a random graph with 'n' nodes and 'nedges' edges.
    return node list [nodes] and adjacency list (list of list) [adj]"""
    nodes = list(range(n))
    adj = [set([]) for i in nodes]
    for i in range(n - 1):
        for j in range(i + 1, n):
            if random.random() < prob:
                adj[i].add(j)
                adj[j].add(i)
    return nodes, adj


def rnd_adj_fast(n, prob):
    """Make a random graph with 'n' nodes, and edges created between
    pairs of nodes with probability 'prob', running in O(n+m)
    [n is the number of nodes and m is the number of edges].
    Returns a pair, consisting of the list of nodes and the list of edges.
```

```
    """
    nodes = list(range(n))
    adj = [set([]) for i in nodes]

    if prob == 1:
        return nodes, [[j for j in nodes if j != i] for i in nodes]

    i = 1  # the first node index
    j = -1
    logp = math.log(1.0 - prob)  #

    while i < n:
        logr = math.log(1.0 - random.random())
        j += 1 + int(logr / logp)
        while j >= i and i < n:
            j -= i
            i += 1
        if i < n:  # else, graph is ready
            adj[i].add(j)
            adj[j].add(i)
    return nodes, adj


def adjacent(nodes, edges):
    """Determine the adjacent nodes on the graph."""
    adj = [set([]) for i in nodes]
    for (i, j) in edges:
        adj[i].add(j)
        adj[j].add(i)
    return adj
```

```
nodes, adj = rnd_adj_fast(10, 0.5)
print("nodes=", nodes)
print("adj=", adj)
```

```
nodes= [0, 1, 2, 3, 4, 5, 6, 7, 8, 9]
adj= [{1, 9}, {0, 2, 4, 5, 6, 7, 8}, {1, 3, 4, 5}, {2, 4, 5, 6, 8}, {1, 2, 3, 7, ↩
8}, {1, 2, 3}, {1, 3}, {8, 1, 4, 9}, {1, 3, 4, 7, 9}, {0, 8, 7}]
```

B.4 　グラフを networkX に変換する関数

　networkX は，Python 言語で使用可能なグラフ・ネットワークに対する標準パッケージである．networkX については，http://networkx.github.io/ を参照されたい．
　以下に，上の隣接リスト形式のグラフを networkX のグラフに変換するプログラムを示す．

```
def to_nx_graph(nodes, adj):
    G = nx.Graph()
```

```
   E = [(i, j) for i in nodes for j in adj[i]]
   G.add_edges_from(E)
   return G
```

```
G = to_nx_graph(nodes, adj)
print(G.edges())
```

```
[(0, 1), (0, 9), (1, 2), (1, 4), (1, 5), (1, 6), (1, 7), (1, 8), (9, 7), (9, 8), ↩
(2, 3), (2, 4), (2, 5), (4, 3), (4, 7), (4, 8), (5, 3), (6, 3), (7, 8), (8, 3)]
```

B.5 networkX のグラフを Plotly の図に変換する関数

Plotly はオープンソースの描画パッケージである（ `https://plotly.com/python/` ）．
networkX のグラフを Plotly の図オブジェクトに変換するプログラムを示す．

```
def to_plotly_fig(
    G,
    node_size=20,
    line_width=2,
    line_color="blue",
    text_size=20,
    colorscale="Rainbow",
    pos=None,
):

    node_x = []
    node_y = []
    if pos is None:
        pos = nx.spring_layout(G)
    color, text = [], []
    for v in G.nodes():
        x, y = pos[v][0], pos[v][1]
        color.append(G.nodes[v]["color"])
        text.append(v)
        node_x.append(x)
        node_y.append(y)

    node_trace = go.Scatter(
        x=node_x,
        y=node_y,
        mode="markers+text",
        hoverinfo="text",
        text=text,
        textposition="bottom center",
        textfont_size=text_size,
        marker=dict(
            showscale=True,
```

```
            # colorscale options
            #'Greys' | 'YlGnBu' | 'Greens' | 'YlOrRd' | 'Bluered' | 'RdBu' |
            #'Reds' | 'Blues' | 'Picnic' | 'Rainbow' | 'Portland' | 'Jet' |
            #'Hot' | 'Blackbody' | 'Earth' | 'Electric' | 'Viridis' |
            colorscale=colorscale,
            reversescale=True,
            color=color,
            size=node_size,
            colorbar=dict(
                thickness=15, title="Node Color", xanchor="left", titleside="right"
            ),
            line_width=2,
        ),
    )

    edge_x = []
    edge_y = []
    for edge in G.edges():
        x0, y0 = pos[edge[0]]
        x1, y1 = pos[edge[1]]
        edge_x.append(x0)
        edge_x.append(x1)
        edge_x.append(None)
        edge_y.append(y0)
        edge_y.append(y1)
        edge_y.append(None)

    edge_trace = go.Scatter(
        x=edge_x,
        y=edge_y,
        line=dict(width=line_width, color=line_color),
        hoverinfo="none",
        mode="lines",
    )

    layout = go.Layout(
        # title='Graph',
        titlefont_size=16,
        showlegend=False,
        hovermode="closest",
        margin=dict(b=20, l=5, r=5, t=40),
        xaxis=dict(showgrid=False, zeroline=False, showticklabels=False),
        yaxis=dict(showgrid=False, zeroline=False, showticklabels=False),
    )
    fig = go.Figure([node_trace, edge_trace], layout)

    return fig
```

```
for v in G.nodes():
```

```
    G.nodes[v]["color"] = random.randint(0, 3)
fig = to_plotly_fig(G)
plotly.offline.plot(fig);
```

```
from IPython.display import Image
Image("../figure/networkx_plotly.PNG", width=800)
```

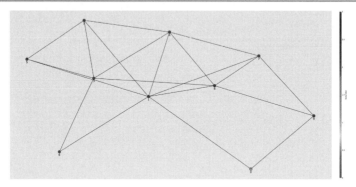

B.6 ユーティリティー関数群

　以下に本書で用いるグラフに対する様々なユーテリティ関数を示す.

- complement: 補グラフを生成する.
- shuffle: グラフの点と隣接リストをランダムにシャッフルする.
- read_gpp_graph: DIMACS のデータフォーマットのグラフ分割問題のグラフを読む.
- read_gpp_coords: DIMACS のデータフォーマットのグラフ分割問題の座標を読む.
- read_graph: DIMACS のデータフォーマットの最大クリーク問題のグラフを読む.
- read_compl_graph: : DIMACS のデータフォーマットの最大クリーク問題の補グラフを読む.

```
def complement(nodes, edges):
    """determine the complement of 'edges'"""
    compl = []
    edgeset = set(edges)
    for i in range(len(nodes) - 1):
        for j in range(i + 1, len(nodes)):
            if (i, j) not in edgeset:
                # assert (i,j) not in compl
                compl.append((i, j))
    return compl

def shuffle(nodes, adj):
    """randomize graph: exchange labels of two vertices, a number of times"""
    n = len(nodes)
    order = list(range(n))
    random.shuffle(order)
```

```
    newadj = [None for i in nodes]
    for i in range(n):
        newadj[order[i]] = [order[j] for j in adj[i]]
        newadj[order[i]].sort()
    return newadj


def read_gpp_graph(filename):
    """Read a file in the format specified by David Johnson for the DIMACS
    graph partitioning challenge.
    Instances are available at ftp://dimacs.rutgers.edu/pub/dsj/partition
    """
    try:
        if len(filename) > 3 and filename[-3:] == ".gz": # file compressed with gzip
            import gzip

            f = gzip.open(filename, "rb")
        else: # usual, uncompressed file
            f = open(filename)
    except IOError:
        print("could not open file", filename)
        exit(-1)

    lines = f.readlines()
    f.close()
    n = len(lines)
    nodes = list(range(n))
    edges = set([])
    adj = [[] for i in nodes]
    pos = [None for i in nodes]

    for i in nodes:
        lparen = lines[i].find("(")
        rparen = lines[i].find(")") + 1
        exec("x,y = %s" % lines[i][lparen:rparen])
        pos[i] = (x, y)
        paren = lines[i].find(")") + 1
        remain = lines[i][paren:].split()
        for j_ in remain[1:]:
            j = int(j_) - 1  # -1 for having nodes index starting on 0
            if j > i:
                edges.add((i, j))
            adj[i].append(j)
    for (i, j) in edges:
        assert i in adj[j] and j in adj[i]
    return nodes, adj


def read_gpp_coords(filename):
```

```
    """Read coordinates for a graph in the format specified by David Johnson
    for the DIMACS graph partitioning challenge.
    Instances are available at ftp://dimacs.rutgers.edu/pub/dsj/partition
    """
    try:
        if len(filename) > 3 and filename[-3:] == ".gz":  # file compressed with gzip
            import gzip

            f = gzip.open(filename, "rb")
        else:  # usual, uncompressed file
            f = open(filename)
    except IOError:
        print("could not open file", filename)
        exit(-1)

    lines = f.readlines()
    f.close()
    n = len(lines)
    nodes = list(range(n))
    pos = [None for i in nodes]
    for i in nodes:
        lparen = lines[i].find("(")
        rparen = lines[i].find(")") + 1
        exec("x,y = %s" % lines[i][lparen:rparen])
        pos[i] = (x, y)
    return pos


def read_graph(filename):
    """Read a graph from a file in the format specified by David Johnson
    for the DIMACS clique challenge.
    Instances are available at
    ftp://dimacs.rutgers.edu/pub/challenge/graph/benchmarks/clique
    """
    try:
        if len(filename) > 3 and filename[-3:] == ".gz":  # file compressed with gzip
            import gzip

            f = gzip.open(filename, "rb")
        else:  # usual, uncompressed file
            f = open(filename)
    except IOError:
        print("could not open file", filename)
        exit(-1)

    for line in f:
        if line[0] == "e":
            e, i, j = line.split()
            i, j = int(i) - 1, int(j) - 1  # -1 for having nodes index starting on 0
            adj[i].add(j)
```

```
        adj[j].add(i)
    elif line[0] == "c":
        continue
    elif line[0] == "p":
        p, name, n, nedges = line.split()
        # assert name == 'clq'
        n, nedges = int(n), int(nedges)
        nodes = list(range(n))
        adj = [set([]) for i in nodes]
    f.close()
    return nodes, adj


def read_compl_graph(filename):
    """Produce complementary graph with respect to the one define in a file,
    in the format specified by David Johnson for the DIMACS clique challenge.
    Instances are available at
    ftp://dimacs.rutgers.edu/pub/challenge/graph/benchmarks/clique
    """
    nodes, adj = read_graph(filename)
    nset = set(nodes)
    for i in nodes:
        adj[i] = nset - adj[i] - set([i])
    return nodes, adj
```

索　引

全 3 巻分を掲載．太字：本巻，サンセリフ体：付録

欧数字

0-1 整数最適化問題　**10**
1 機械総納期遅れ最小化問題　439
1 機械リリース時刻付き重み付き完了時刻和最小化問題　436
2 次元（長方形; 矩形）パッキング問題　405
2 次最適化　**3**
2 次錐最適化　**3**
2 次錐制約　218
2 次制約最適化　**3**
2 次割当問題　205
2 乗和法　410
2 分割　**114**

Bellman 等式　**31**

Dijkstra 法　**28**
d 次元ベクトルパッキング問題　400

heuristic　**32**

Kruskal 法　**64**
k-センター問題　250
k-メディアン問題　225

Pareto 最適解　**60**

p-ハブ・メディアン問題　237
r-割当 p-ハブ・メディアン問題　242

True　**32**

Weber 問題　217

あ 行

安定結婚問題　192
安定集合　**137**
安定ルームメイト問題　194

位置データ定式化　442
一般化割当問題　201
田舎の郵便配達人問題　385

運搬経路問題　343

栄養問題　**13**
枝彩色問題　**185**
枝巡回問題　383

凹関数　**4**
重み付き制約充足問題　490, 2
オリエンテーリング問題　324
オンライン最適化　**5**
オンラインビンパッキング問題　407

か 行

解　**2**, 2
回送　463
確定最適化　**5**
確率最適化　**5**
確率的ビンパッキング問題　407
カッティングストック問題　397
カット　**96**
完全グラフ　**137**
完全単模性　197

木　**63**
擬多項式時間　430
起動停止問題　473
局所的最適解　**2**
極大マッチング　190
近傍　**2**

空間充填曲線法　370
区分的線形関数　232
組合せ最適化　**3**
グラフ多分割問題　**129**
クリーク　**137**
クリーク被覆問題　**154**

経済発注量問題　259

考慮制約　2
個別月間ブロック　464
個別月間ブロック割当問題　464

混合整数最適化　**3**
混合問題　**22**

さ　行

最小カット問題　**97**
最小木　**63**
最小費用最大流問題　**85**
最小有向木　**70**
最小有向木問題　**72**
再生可能発電機パラメータ：
　475
再生不能資源　**4**
最大安定集合問題　**136**
最大クリーク問題　**137**
最大処理時間ヒューリスティク
　ス　423
最大マッチング　**191**
最短路　**27**
最短路木　**31**
最長路問題　**57**
最適化問題　**1**
最適値　**2**
先入れ・先出し　**43**
作業　**3**
サービス・ネットワーク設計問
　題　**110**
差分操作　419
差分法　419

時間制約　**4**
時間枠付き巡回セールスマン問
　題　335
資源　**4**
資源拡張関数　**50**
資源制約付き最短路問題　**49**
次数制約　306
実行可能解　**2**
実行可能フロー　**84**
実行不可能　**2**, 14
実行不能　14
集合パッキング問題　417
集合被覆問題　356, 412
集合分割問題　356, 417

巡回セールスマン問題　302
順列フローショップ問題　442
賞金収集巡回セールスマン問題
　324
小数多品種流問題　**101**
状態　**4**
正味補充時間　266
乗務員ペアリング問題　464
乗務員割当問題　464
新聞売り子モデル　257

錐線形最適化問題　**7**
数分割問題　418
数理最適化　**3**
スケジューリング　**3**
スケジューリング問題　436

整数最適化　**3**
整数線形最適化　**3**
整数多品種流問題　**101**
整数ナップサック問題　429
制約充足問題　490, 2
絶対制約　**2**
全域木　**63**
全域有向木　**69**
線形最適化　**3**
線形順序付け定式化　440
線形順序付け問題　214
センター問題　250

た　行

大域的最適化　**5**
大域的最適解　**2**
対称巡回セールスマン問題　303
多項式最適化　**3**
多端末最大流問題　**97**
多品種ネットワーク設計問題
　107
多品種輸送問題　**103**
多品種流定式化　**66**
多品種流問題　**100**
単一品種フロー定式化　313
単品種流定式化　**66**

着地　**66**, **111**
中国郵便配達人問題　384
超過　96

積み込み・積み降ろし型配送計
　画問題　381

点被覆　253

動的ロットサイズ決定問題　276
等分割　113
特殊順序集合　232
凸　**4**
凸関数　**4**
凸最適化　**4**
凸集合　**4**
凸錐　**7**
貪欲アルゴリズム　**64**

な　行

ナーススケジューリング問題
　470

荷　**111**
任務　463

ネットワーク最適化　**5**

乗り合いタクシー問題　381

は　行

配送計画問題　344
パーセント点関数　258
発地　**66**, **111**
半正定値　**8**
半正定値最適化　**3**
半正定値最適化問題　**8**

非線形最適化　**3**
非対称巡回セールスマン問題
　303
非凸最適化　**4**

被覆立地問題　254
非有界　**2, 14**
非劣解　**60**
便　463
品種　**66, 100, 111**
ビンパッキング問題　391

複数エシェロン在庫最適化問題
　　275
複数装置スケジューリング問題
　　423
部分巡回路除去制約　306
フロー　**95**
フロー分解　**90**
「フロー（流）」　**95**

ペアリング　464
閉路除去定式化　**64**
変動サイズベクトルパッキング
　　問題　401

補充リード時間　266
保証リード時間　266
ポテンシャル制約　310
ボトルネック割当問題　199

ま　行

マッチング　189

メタヒューリスティクス　**3**

目的関数　**2**
モード　**3**
森　**64**

や　行

有効フロンティア　**61**
有向木　**69**
輸送問題　**86**

容量制約付き枝巡回問題　385
容量制約付き施設配置問題　228

ら　行

離散最適化　**3**
離接制約　437
離接定式化　437
臨界率　258

列生成法　358, 397
連続最適化　**3**

ロバスト最適化　**5, 11, 23**

わ　行

割当問題　196

著者略歴

久保幹雄
（くぼみきお）

1963 年　埼玉県に生まれる
1990 年　早稲田大学大学院理工学研究科
　　　　博士後期課程修了
現　在　東京海洋大学教授
　　　　博士（工学）

Python による実務で役立つ最適化問題 100+
1. グラフ理論と組合せ最適化への招待　　　定価はカバーに表示

2022 年 12 月 1 日　初版第 1 刷

著　者　久　保　幹　雄
発行者　朝　倉　誠　造
発行所　株式会社　朝　倉　書　店
　　　　東京都新宿区新小川町 6-29
　　　　郵 便 番 号　1 6 2 - 8 7 0 7
　　　　電　話　0 3（3 2 6 0）0 1 4 1
　　　　F A X　0 3（3 2 6 0）0 1 8 0
　　　　https://www.asakura.co.jp

〈検印省略〉

ⓒ 2022 〈無断複写・転載を禁ず〉　　　　シナノ印刷・渡辺製本

ISBN 978-4-254-12273-2　C 3004　　　　Printed in Japan

Python インタラクティブ・データビジュアライゼーション入門
―Plotly/Dash によるデータ可視化と Web アプリ構築―

@driller・小川 英幸・古木 友子 (著)

B5 判／288 頁　978-4-254-12258-9 C3004　定価 4,400 円（本体 4,000 円＋税）

Web サイトで公開できる対話的・探索的（読み手が自由に動かせる）可視化を Python で実践。データ解析に便利な Plotly，アプリ化のためのユーザインタフェースを作成できる Dash，ネットワーク図に強い Dash Cytoscape を具体的に解説。

Transformer による自然言語処理

Denis Rothman(著) ／黒川 利明 (訳)

A5 判／308 頁　978-4-254-12265-7 C3004　定価 4,620 円（本体 4,200 円＋税）

機械翻訳，音声テキスト変換といった技術の基となる自然言語処理。その最有力手法である深層学習モデル Transformer の利用について基礎から応用までを詳説。〔内容〕アーキテクチャの紹介／事前訓練／機械翻訳／ニュースの分析。

FinTech ライブラリー Python による金融テキストマイニング

和泉 潔・坂地 泰紀・松島 裕康 (著)

A5 判／184 頁　978-4-254-27588-9 C3334　定価 3,300 円（本体 3,000 円＋税）

自然言語処理，機械学習による金融市場分析をはじめるために。〔内容〕概要／環境構築／ツール／多変量解析（日銀レポート，市場予測）／深層学習（価格予測）／ブートストラップ法（業績要因抽出）／因果関係（決算短信）／課題と将来。

Python と Q#で学ぶ量子コンピューティング

S. Kaiser・C. Granade(著) ／黒川 利明 (訳)

A5 判／344 頁　978-4-254-12268-8 C3004　定価 4,950 円（本体 4,500 円＋税）

量子コンピューティングとは何か，実際にコードを書きながら身に着ける。〔内容〕基礎（Qubit，乱数，秘密鍵，非局在ゲーム，データ移動）／アルゴリズム（オッズ，センシング）／応用（化学計算，データベース探索，算術演算）。

化学・化学工学のための実践データサイエンス
―Python によるデータ解析・機械学習―

金子 弘昌 (著)

A5 判／192 頁　978-4-254-25047-3 C3058　定価 3,300 円（本体 3,000 円＋税）

ケモインフォマティクス，マテリアルズインフォマティクス，プロセスインフォマティクスなどと呼ばれる化学・化学工学系のデータ処理で実際に使える統計解析・機械学習手法を解説。Python によるサンプルコードで実践。